不早不晚的耕廚生活

回家讀書

吃好睡飽

沒煩惱

yeh

2019.5.15.

躺在田埂許個願

田間四月天，蘭陽平原上的稻田一如往常，已是新綠一片。田中有屋，阡陌交錯，這是熟悉的蘭陽風情畫。小時候跟著媽媽回娘家，無論是開車從北宜公路蜿蜒而下，或搭火車穿過大大小小的山洞，一旦望見龜山島，就有一種回鄉的親切感，又同時帶著走訪異地的新奇感；因為對生長在基隆山城的我而言，這裡平闊的景致，東望是海，西望有山，滿眼綠意。騎著單車在田間小路看著迎風搖曳的稻苗，田中有鷺鷥漫步覓食，還有農夫補秧除草，小小的孩子從此明白什麼是美的，一種無須教導，來自本性對自然與田園的喜愛，早就植入腦海，但成為田中彎腰工作的農夫，卻不在未來的想像藍圖裏，關於田園美夢，是很久很久以後才有的事。

人生的路上兜兜轉轉，小女孩越過青春來到中年，看過一些大山與大河，也去過一些天涯與海角，在城市中勉力地呼吸，做著陶淵明的歸去來兮夢，想著該是找處安身也安心的地方，開始過人生下半場的時候了。

那是一個風和日麗的四月天，和朋友參加了南澳自然田的插秧活動，這群中央研究院的師生，跟著研究民俗植物的教授來看泰雅族婦女種植的苧麻，順便出來放放風，踩踩土。大部分的人都是第一次下田插秧，捲起褲管、赤腳下田是僅知的工作樣貌，大家都像是幼幼班小朋友聽著農夫老師─阿江哥的說明，拿著鏟子小心翼翼地挖起灑播在土中的稻苗，一株株移到隔壁已犁好的水田中，慎重插下人生的第一株秧苗。

雖是春日暖陽，但近中午蹲在田裡曬了兩個鐘頭仍是汗流浹背，頭昏眼花。剛開始還興味盎然，和同伴有說有笑，擺拍搞怪，但軟腳蝦的真面目很快就現形了；面對插完一塊田的任務，已失去玩笑的精力，大夥認真起來，希望快點完成任務，聽說插完秧有獎勵金可加菜，下午還有南澳半日遊的行程。

終於，任務完成，看著歪歪斜斜的稻秧，像是通過農夫的第一關測驗，疲累卻很有成就感。我們稍作休息，田邊小溝渠的水來自附近的南澳溪，清澈沁涼，同伴們坐在水溝邊泡腳聊天，我則是拿了塊麻布袋，就地在田埂上躺平，日正當中，帽子一蓋，做起全罩式的日光浴。

透過帽緣空隙，瞇眼看著樹梢上的白鷺鷥、遠方的山、天上的雲，想起小時候總愛爬到屋頂上，躺著看雲朵飄過，盯著久了，便隱約覺得雲越來越低，彷彿要將我包圍起來，拉入夢鄉之中。幼時的孤單，青少年的徬徨，也總在仰望雲的聚合與飄散中度過。爾後，離開了老家，生活被課業、愛情與工作的忙碌拼搏給淹沒，即使常常在山林野地中闖蕩，但已許久沒能擁有這般赤腳平躺在地上，靜靜看雲的時光。田埂的土曬得正熱，我的背和心情也暖烘烘的，不一會兒就呈現半睡狀態。

累了，不就應該找個地方休息嗎？「雲無心以出岫，鳥倦飛而知還」——千餘年前的詩人是否也如我這般看著雲，感嘆道：算了吧！寄身於天地間還有多少時日？何不放下心來隨緣順性？為何還要遑遑不安？

不如學學陶淵明「懷良辰以孤往，或植杖而耘耔。登東皋以舒嘯，臨清流而賦詩。」在好天氣時悠遊山林，或者就去田裡除草、育苗，這裡有山讓我舒嘯，有清流可以發發詩愁，人生下半場就隨著大自然的變化走，樂天知命，無須踟躕。就這裡吧！至少可以自在的躺著看雲，我在半醒半夢中許下了這個願望。

不早不晚的
耕廚生活

Part 1 女農實習生

Part 2 好糧食堂

Part 3 慢活也快樂

Part 1

女農實習生

移居鄉間當農夫，是夢想的實踐也是生活的考驗，赤腳入田學種稻、彎腰除草練耐力，雖然四肢勞動很辛苦，播種收穫時的喜樂卻無價，帶著探索與創意的思維，稻田即是心靈的沃土，菜園也可成爲遊樂園。

四肢連地接地氣

做女農要學習的第一件事—赤腳入田接地氣。

還在台北生活的時候，每天晚上總得帶著愛犬卡卡到附近的公園散步，同時解決她的方便問題。當時住在東區八德路與敦化南路一帶，可以去的綠地不外乎是社區公園、運動場、敦化南路的行道樹下，牽著她走走停停、尋尋覓覓，那是她最期待的片刻，也是我一日操勞下來最累的時候。有時很想脫下鞋子讓腳丫子放放風，聽說光腳在泥地上走一走，讓身體接地氣，可以調整體內的正負離子，同時釋放壓力，吸收大地的能量，但一想到草地上不知有多少阿貓、阿狗、阿弟，已經灑尿施肥過，也就只好作罷，心想真是悲哀，每天生活在水泥建築環境裡，移動在一個又一個硬體盒子中，想要呼吸新鮮空氣、赤腳走在安全乾淨的土地上竟這麼困難。

搬到鄉下後，我的雙足得到充分自由，鞋櫃裡早沒了高跟鞋，拖鞋和雨鞋反倒有多種款式，夾腳拖適合出門買菜逛大街，一字拖在家或下水田都很方便穿脫，健行涼鞋是去溪邊玩水、步道走走的最佳利器，雨鞋則有中筒和高筒多款，菜園工作少不了它們，至於下水田插秧、除草、撿福壽螺，當然就赤腳了。

雖然我不是細皮嫩肉的嬌嬌女，但是剛開始把腳伸進濕軟的泥地中，還是有點像把手伸進恐怖箱一樣忐忑不安。倒不是害怕弄髒腳趾，而是擔心踩到什麼生物，會不會有水蛭？有沒有尖銳的石頭或玻璃？

踩著踩著，覺得其實挺舒服的，腳陷下去時，皮膚感受到泥土的溫度與質地，彷彿自己也成了一株植物伸出根系連結著大地，若說赤腳走路可以強身健體，那麼踩入泥地的療癒等級應該是滿天星級的。

只不過，貴婦們上SPA中心做火山泥療去角質，農夫下田踩泥巴則是堆積厚繭。自從當了農婦，後腳跟始終粗硬如砂紙，到了冬天更是乾燥龜裂，有時還會滲血疼痛，而且捲起褲管時，蚊蠅總會趁機進攻，自從下鄉之後，別說短褲消失了，裙裝也都是及地

式的，因為雙腿始終點點紅斑，羞於見人。

雖然也想做個優雅的農婦，穿著時尚的農夫裝，戴著帥氣的帽子在田裡採菜摘花，像雜誌上介紹的那位美麗法國農婦Mimi，在自家花園裡採水果辦party。無奈南澳的風景雖美，蚊蟲卻是一年四季都很興旺，外露的肌膚就是他們甜美的餐桌，平時不僅要長袖長褲，帽子的款式還有後罩式和全護網，以防雙手忙碌時，不知不覺就被偷襲。不過，好處是防曬裝備做得徹底，即便長時間日曬卻能保持正常的膚色，也就不再使用防曬保養品，因為大量流汗，肌膚需要清爽的呼吸，我覺得最好的保養品就是清

水，沖洗之後神清氣爽，何必再給肌膚增加負擔呢？

不只雙腳經常接地氣，雙手和土地也有密切的接觸。無論插秧、除草、種菜、翻土，收割，都會感受到每塊田地的質感、特性；例如插秧時，水田要夠泥濘，但不能太稀爛，不然秧苗根系無法著土，容易倒伏，進水時也會跟著飄浮起來，太硬時，手指插下去會很費力，效率也就降低，除草時也要放水讓土壤鬆軟，才能不費力的將雜草連根拔起，至於如何度量軟硬程度，食指一清二楚。

彎腰掘土、跪地除草，四肢連地接地氣不過癮，工作累了直接躺在鋪著乾草的田埂上才是真幸福，背靠著鬆軟的草地，四肢攤開成大字，以最大的面積和土地親密接觸，全身的疲憊慢慢釋放消融，靜靜躺著就是最療癒的全身按摩。

仰躺大地是在鄉村生活中最愜意的休閒方式。我喜歡躺在田邊聞著稻草香，躺在河口沙洲上聽著流水潺潺，在海岸堤防上躺著看雲飄過。仲夏之際，經常和朋友夜宿在沙灘上，躺著看星星，躺著看日出，這種全然「體貼」大地是回歸自然的最佳方式，不僅接了地氣，而且一接就服服貼貼。

菜鳥種稻連環記

現在的農業科技非常厲害，據説打三通電話就可以當稻農。第一通請來耕耘機翻土整地，第二通找插秧機插秧，第三通拜託割稻機來收成。這是個接近真實的玩笑話，雖然誇張卻離事實不遠，大面積的農地用機械代替人力，產量高又省事，很符合時代潮流。

沒有動力機械的時代呢？從一粒種子到一碗飯，據説古法有八十八道程序，但依照現今個人需求和選擇，程序可多可少。我的種稻程序雖然沒有傳統純手工繁複，不過用手指加腳趾也數了兩遍，這些年實際操作之後，才真真切切體會到什麼是「鋤禾日當午，汗滴禾下土。誰知盤中飧，粒粒皆辛苦。」

稻米的成長過程主要有幼苗期、成長期和成熟期。但在育苗之前，還有整地翻土的工作，成熟之後還有一系列收割、碾米、儲存的細節要處理，若要細細描繪這幾年種稻過程和遇到的問題，真可以出版一套可歌可泣的寫真集，而且能夠連載五集，集集精彩，就容我在此先透露劇情摘要。

首集是拿著柴刀、鐮刀、鋸子、割草機的開疆血淚史。

二〇一三年展開人生第一回合全程種稻，為了減少周邊農田噴灑除草劑的汙染，我和幾位自然農友選擇在一區環境較不受干擾的田地耕種，這區耕地面積都不大，分屬不同地主，大家毗鄰耕作，除了可以互相照應，也能確保邊界區不受汙染。我和音樂製作人冠宇選了一區接近灌溉水圳的旱地，中間隔了一小片樹林，長了高大的芭蕉、桑樹和食茱萸，為引水方便，得在中間清出一條引水道。我召集一些朋友帶著柴刀、鋸子、鐮刀，全副武裝進入蚊蚋叢生的林子裏，將盤根錯結的枯枝倒木移除清理，鋸掉少數較小的雜木，理出一條通道，再從水圳邊挖一條水道將水引入田區。

我的田區約一點二分（約三五二坪），一邊是冠宇的田，另一面是長著密實的芒草和雜木樹叢邊坡，在插秧前一個半月得先將四周環境清理乾淨，方便耕耘機進入田區進行第一次翻土。聽幫忙翻耕的鄰居進德說，若田邊的芒草太長，或是田中間有大石頭都會造成機器受損，要經過他確認後才能來翻土。我觀察周邊通道加上四周圍的田埂，大約有二百公尺長的區域需要用割草機先將大部分區域掃過一遍，但因為田埂與周邊有為數不少、無法移動的大石頭，所以還要再用鐮刀和鋸子清理非平面的區域，單單除草就要分四天來處理，對於菜鳥女農而言實在是重活，那一陣子天天得去復健中心電療按摩。南澳免費的復健中心也是居民的聚會所，菜鳥農夫們更是這裡的常客，白天田裏埋頭幹活，晚上不約而同來此復健聊天，也算是另類的聚會方式。

除草之後，會放水淹田防止雜草冒生，一個多月後再除一次草，迎接之後的插秧工作。這期間正是春分之際，萬物復甦，植物長得特別快，先前的努力轉眼間又恢復原狀，水田中也冒出許多不怕水淹的雜草，除草工作真是場耗時費力的長期作戰。

第二集是既期待又怕受傷害的選種育苗歷程。

大部分的農夫都是跟育苗場買秧苗插秧，育苗場有專業的育苗技術，每一盤秧苗送到田區時都是青綠健壯，以插秧機運作，一分地不消一個小時就完成，但若是從選種到插秧，大概要七七四十九天之久。雖然工序繁複，卻可觀察一粒種子從發芽，長出嫩葉，將它們安置在泥土中茁壯，最後長成一片稻田，就好像懷孕生子，照顧小孩直到長大成人一樣，是充滿期待與喜悅的過程。

自然農法講究自家留種，經過挑選的健康種子，適地適性同時具有更好的抗病能力。挑選的方式有兩道程序，第一道先用濃度1.13或1.17的鹽水浸泡穀種，選出沉在底部，最重最飽滿的種子，再用清水沖洗，這種方式稱為鹽選，鹽選可以抑制病害，是第一道防疫方法。第二道是溫湯；這道工序是為了避免水稻的徒長病。把稻穀放進紗網紮好，浸泡在60℃溫水中約十分鐘，再立即放入冷水中降溫完成選秀程序。

選種之後，還要浸種來促進發芽，浸種的作法有很多，我採取流水浸泡的方式，將種子放入網袋中用繩子綁緊，整袋浸泡在乾淨

且流動的溪水中數日，每天觀察芽點的狀況，直到冒出一點小白點就可以準備播種了。

小孩生出來之後，要趕緊放在溫暖舒適的搖籃中，剛要冒芽的種子也要立刻放在鬆軟潮濕的泥土中發芽。在這之前要準備好苗床，苗床分成就地直播或可以移動的苗盤育種。直播是直接在田區邊緣挖鬆一塊區域，將稻種溫柔鋪灑在上面，再蓋上一層稻草，然後在四周用鋼條或竹片搭起網架，以防止小鳥和老鼠啄食。若是用育苗盤，則要取大量的田土，鬆土後填放在苗盤上，將種子鋪灑上去再添加一層土，最後移到田裏用網子罩蓋。直播的方式比較簡單，但等秧苗長大還要從秧苗區剷起來移到田裏插秧，過程相當費功夫；而使用育苗盤雖然要花比較多功夫準備，但插秧時移動容易，可以在短時間內完成插秧工作。

育苗期間要時時刻刻注意水位，水分不足，秧苗容易枯萎生病，水位過高、淹沒秧苗也會造成窒息腐爛。這一個階段是稻子最脆弱的時期，一不小心就會前功盡棄，有幾位農友就曾經因為照顧

不當，秧苗幾乎全軍覆沒，最後得重新育苗或購買秧苗，浪費了兩個月的時間和心力。

第三集上演的是從插秧到割稻前的田間管理學；與雜草和福壽螺的心機大作戰。

這一集過程高潮迭起，角色最多、劇情最複雜。主角是稻秧，反派角色是雜草和福壽螺，上演的劇情隨著水位的高低起伏變化著，就看我這位導演要如何掌控劇情，讓兩位壞蛋變好人。

秧苗植入田地前要先將水放掉，但須保持泥濘狀態以方便插秧，水位

一旦降低，原先在田裏的雜草種子及尚未腐爛的根頭會趁勢成長，與秧苗比賽誰長得快。此時要耐住性子，等待秧苗長高一些再增加水位，水位一上升，伺機而動的福壽螺也登場了，這些潛伏在土中飢腸轆轆的福壽螺大軍開始移動身軀、吃掉所到之處的嫩芽。此刻必須眼明手快地移除，若是一個不注意，秧田就會呈現缺角狀況，低窪處是福壽螺的大本營，露出水面的田土區域則是雜草生長的溫床，這段期間就看導演如何控制水位，調派人馬下田除草、撿螺、補秧。

一旦秧苗長到青少年的階段，腰桿粗壯高過雜草，導演就可以放心讓福壽螺轉換角色扮演，成為護主殺敵的護衛，等到稻子長大成人，福壽螺和雜草也就達到恐怖平衡的狀態，此時導演只要在田邊看好戲就行了。

第四集時間雖短，卻是全劇最關鍵的部分；收割、打穀加日曬的揮汗情節。

經過半年的準備和照顧，就等收割這一刻。一般稻田會請收割機在田裏一次處理割稻、脫粒、稻桿碾切的程序，配合可以秤重載運的貨車，短時間完成大面積收割工作，一片數百甲綠油油的稻田，幾天之內就可以變成光禿禿的景象，若是用人工處理，則需要數十倍的人力與時間。

若是手工割稻，每一個步驟都要注意很多事項；首先收割前幾天要先將水放乾，等到田土乾燥才方便收割，收割的時機也得控制在一定時間內，太早收割米粒不夠飽滿，重量不足總重量就降低，若是遇到連日大雨，延後太多天，穀粒過熟就容易掉

落。所以這段時間是農民最緊張的時刻，一季的付出就在這幾天見分曉。

割下來的稻穀飽含水分，稱為濕穀，需要經過日曬、風穀到一定程度變成乾穀才能碾米。手工乾燥的方式有兩種，一種是直接打穀脫粒，將稻穀平鋪在曬穀場上日曬二至三天使之乾燥。另一種是將整叢稻穗綁紮起來，一束束倒吊在竹架上直接日曬，大約五至七天乾燥後再用打穀機脫穀。

這兩種方法我都試過，面臨的問題也年年不一樣。先說倒吊日曬吧！倒吊可以省去在地上日曬必須經常翻動的程序，且遇到下雨可以很快排水，不至於因積水發霉或發芽。在割稻前立竹架，得使用又粗又長的竹子，才能支撐上百公斤重的稻穀，綁紮稻穗要很緊實，才不會在日曬的過程中因縮水而散落。而為了防止麻雀等野鳥啄食穀粒，還要拉細綿線圍繞在稻穗外緣，讓牠們不敢靠近，若天氣好，大約一周可以下架，若期中遇到下雨則又要拖延數日。

另一種是直接將稻穀脫粒後平鋪在曬穀場，趁著好天氣曬稻穀。此時正值高溫的七、八月，連續幾天必須在上午八點到下午五點之間，來回不停翻動稻穀接受陽光的洗禮，大約二至三天曬到一定程度後，用稻穀濕度測量含水狀況；早期沒有測量器，農夫會挑一些穀粒咬咬看，憑經驗判斷乾燥程度，我也會試著咬看看，但每次用測量器一量，發現都不準，可見功力還不夠。曬好的穀粒用大布袋填裝起來，就等著碾米場安排碾米時間，後續的工作就要倚賴機器協助了。

第五集是少為人知的劇後劇—收割後的稻穀處理與保存。

割下來的稻穗必須經過脫粒，碾去粗硬的外殼粗糠才能煮食，也就是糙米的狀態。若想要白米，就把米糠完全碾掉，若想保留一些米糠，就調整碾米機的精細度，依照保留的狀態而有「幾分米」之稱(例如七分米是碾掉十分之七的米糠，保留三成的米糠)。

很多人不瞭解白米、糙米和胚芽的關係，我會解釋說：稻米好比穿著一件防水的厚外套—粗糠，第一次碾米脫去粗糠就變成糙米，但是糙米還穿了一件貼身的內衣，若是再脫去內衣，保留胚芽區、穿著內褲就是胚芽米，若將之脫光光就是白米，這樣解釋應該就瞭解了吧！

稻穀經過日曬、風穀之後，一包包用布袋裝起來等著碾米。南澳沒有大型的碾米廠，由於機器轉動要有一定的量，太少量或特殊品種工廠也不收，因為若白米混到有色米就很難處理，而南澳也只有幾位農友有小型碾米機，但是設備老舊，碾出來的米仍然有很多雜質，甚至留有粗糠和碎石，還好後來得知三星鄉紀元農莊有大型精良的碾米設備，莊主吳慶鐘大哥願意在空檔期幫忙處理，這才解決頭痛的碾米問題。也是稻農的吳大哥深知小農難處，不計麻煩的協助，真是邊緣小農的救星。

為了長期保鮮，碾好的米必須儘快真空包裝，受限於一般真空機機型只能製作兩公斤以內的包裝，使用過後的塑膠袋無法重複真

空使用，當其它包裝用途又不實用，累積下來的塑膠袋數量可觀。每回看到這些厚實的包裝袋，總覺得前端友善環境，卻仍在最後階段製造不少垃圾，很是無奈。但與其堅持不製造垃圾，卻冒著讓辛苦成果養米蟲的風險，也只能兩害相權取其輕。

種稻過程中需要涉獵很多知識，也需要經驗的累積、人力的支援，甚至是政策的鼓勵。像我們這樣的小小農，在農產系統中所需克服的問題真是一關又一關，但我仍然喜愛這種勤勞的手工種稻方式，每個階段都是跟大自然學習的機會，體力的辛苦可以藉由部分機械的協助、人力的招攬參與，以及技術提升來慢慢減輕。而土地回饋給我的，除了健康飽滿的稻米，還有豐富精彩的田園生活。

手牽手向前踩泥巴

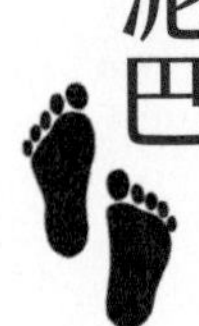

小時候常聽到一首台語歌農村曲—「透早就出門，天色漸漸光，受苦無人問，行到田中央，為著顧三餐，不驚田水冷霜霜」，說的是二、三月，還是春寒料峭的清晨，農夫為了養家活口，不畏寒冷下田的處境。爸爸也常提到小時候牽牛犁田、放牛吃草的苦事與趣事，大部分鄉下人都希望自己的子女以後不要再種田，早日脫離辛苦又收入微薄的貧農生活。爺爺在爸爸快要成年之際，存了一筆可以買下一大片土地的錢，買了一間馬路邊的水泥房，後來爸爸繼承房子陸續經營雜貨店、小餐館，他認為做點小生意總好過當農夫，沒想到女兒在中年之後竟然步入爺爺後塵，當起了他小時候想到就怕的農夫，而且還能號召朋友一起下田「自討苦吃」。

當農夫確實辛苦，不過現在有機器幫助，省去不少功夫。科技農夫甚至不用把腳伸進濕軟的泥地裡，就可以完成種稻工作。但如此一來，許多種稻技藝與細節也漸漸消失，更別說一般民眾對土地的溫度和質感就更疏離了。

這幾年，體驗型手工插秧活動很受歡迎，各家小農憑藉自己的人脈號召朋友和客戶到田裡幫忙，民眾可以體驗親手種下糧食的樂趣，農家也藉此拉近與消費者的關係。插秧活動沒有年齡限制，只要彎得下腰都可以參與，若再安排一些餘興節目，總能吸引公司企業、學校團體組隊來參加，一時之間，農田熱鬧滾滾、人氣旺盛。

每年三月中到四月初是南澳自然農友插秧的時節，這個時候天氣已漸暖和，下田不再是田水冷霜霜的狀況，大夥約定好日期，由南澳自然田的阿江哥策畫舉辦「南澳插秧節」，邀請歌手或舞者前來助陣。二〇一三至二〇一六年是新農下鄉的鼎盛期，其中兩位是曾榮譽金曲獎最佳新人獎和最佳原住民歌手的以莉．高露，以及製作人陳冠宇。這一對斜槓夫妻，既是優秀的音樂創作人，也是認真的自然農夫，有了他們的參與，總是吸引許多歌迷遠道前來，讓插秧活動有了更感性的氛圍。

朋友知道我在南澳種田，只要吆喝一聲，常二話不說便呼朋引伴

前來幫忙，包括以前在環保團體工作的夥伴、合作過的設計公司老闆帶著全家老小和員工、擔任社區大學的講師率領學生、高中老師帶著全班同學，還有來吃飯的客人們一起共襄盛舉。插秧對大部分人是新奇的體驗，對某些人來說卻是年少歲月的懷舊。

我雖然也是新手，但比大部分人有經驗，每次下田前總要擔任起解說員，為他們示範插秧的動作和注意事項，前一兩次經驗還不足時，看他們秧插的不是太密就是太疏，或者指押的方式不對，秧苗沒有著土，不然就是動作太慢，我已經完成了三排，他還走不到田中央。經過多次演練，我摸索發展出一套「葉式插秧法」，讓插秧變得兼具知性與感性，發揮了我身為

環境教育工作者的本事與使命。

插秧的路數很多樣，機器插秧只要將整盤秧苗放入滑板中，由取秧筷夾取若干秧苗插入土中即可，動作快速，整齊劃一。手工插秧要先處理田土的軟硬程度，排水過久田土變得堅硬，秧苗不容易用手指插入土中；水太多、太泥濘，腳跟移動困難，秧苗也站不起來。最好的方式，是前一天把水放乾之後仍留著涓涓細流，田土泥濘的狀態是腳踩陷下去時，大約在腳踝以上十五公分，手指可以輕易的插入土中形成一個凹洞。如此一來，當秧苗著土時，只要輕輕的用拇指一壓，就可以站挺站好，不會因為水流動而浮起來。

田土的狀態是一回事，插秧前還有一項麻煩事—為插秧的行距畫線，讓插秧者有所依據。我們用過拉線、畫線器等不同方式，都覺得不盡理想。拉線要準備很多竿子和繩子，先將繩子兩端綁著竿子，將繩子拉開，竿子插入田埂兩端，每隔六十公分拉一條線，插秧時以三十公分的間距，插在繩子邊及兩條繩子的中間，大家一字排開，以每人負責三排的方式前進。但即使仔細說明分配行列，還是會有右邊該是你的還是我的？最後都沒有人負責，必須單獨再補一排秧的窘況。

還有一種插秧專用畫線器，在長長的木桿套上輪子，輪子的間距可依據插秧的行距調整。棍長不一，最多一次可拉出十五行，但這種工具已經少見。有一回跟朋友借來使用，發現田土的狀況一定要非常平坦，泥濘程度要剛剛好，不然很難拉動。再加上我們這些四肢軟弱的菜鳥，根本難以駕馭笨重的工具，來回折騰只是徒增困擾而已。

在田裡踩踏時會形成一個個坑洞，若路線歪斜或隨意移動，就會

造成後續補秧不易的麻煩。我觀察凹洞積水的地方也是福壽螺聚積的所在，附近的秧苗很容易遭殃，於是想不如先踩出明確的線條，讓福壽螺集中在水溝中，一來撿拾容易，二來他們移動時也會因為要爬上爬下，蔓延速度會減緩，有了這樣的想法，我和隊友實際操作演練，最後做出一套插秧SOP，一次解決路線、福壽螺、雜草的三角難題。

我們先取兩根三十公分倍數長的竹竿(一百二十公分最佳)，在每隔三十公分處做標記，依據標記先在田邊踩出印痕，田的兩端各放一根，再準備數根較短，長度不限的樹枝或竹子，每隔六十公分插在田埂邊，作為前行的目標。然後兩兩一對手牽手，目光朝向對岸前進，用拖曳的方式踩出四條直線。因為可以互相牽制又有目標可依循，踩出來的線條出乎意料的整齊，即使稍有歪斜也可以在回程時略作調整。

這樣來回走動，六個人的團隊，一個上午就可以完成一分地的人腳畫線工作，接下來只需循著踩好的路線在兩行之間插秧即可。

事後我觀察這樣做有幾項效益：

第一、將水位控制在水平線上，福壽螺果然集中在深陷的腳印裡，因為是排溝，就好像挖了條長河，讓它們無法輕易梭行，缺秧的現象減少很多，腳踩下去時還可以順便把沒撿到的螺踩進土裡，雖然不會造成死亡，但可以抑制它們的行動力。

第二、除草時，比較幼小的草根拔除後可直接踩入深溝中當肥料。

第三、當水位提高時，因為有溝渠引導，水的流動較迂迴，以不科學的觀察，氧氣和有機質也較能普及各個區域。

除了以上優點外，大夥分工合作，手牽手向前踩泥巴，一邊說說笑笑，還會比較誰的眼腳功夫比較好，工作變得歡樂有趣。當完成時，看著一排排略有弧度的腳印和秧苗，真為我們的傑作感到驕傲！這種看似笨功夫的方法，雖然比不上機器的快速與整齊，但我相信除了追求效益之外，種田這回事在我心中絕對還有更美好的目的。

田間風情畫

稻秧在田裡成長的初期正逢農曆二十四節氣中的春分、清明到穀雨時節，這段期間雨水豐潤、陽光漸強，幼苗快速啟動生命的進行曲，細長的根系往土裏延伸擴張，青嫩的幼葉向天空挺立舒展，一旦熬過福壽螺侵襲，就穩住了身軀日漸茁壯，此時引水灌溉，保持流動的低水位，原本凹凸零亂的泥土表面漸漸沉澱平坦，微風輕輕舞動禾苗，水面倒映著一排排姿態優雅的身影，看似平靜無事的稻田，正在悄無聲息的上演春神來了的戲碼，戲幕常常是細雨紛飛、遠山雲霧的場景。我常常一個人獨自觀賞，默默的讚嘆，這樣的靜美杜甫早已領略，寫了春夜喜雨:「好雨知時節，當春乃發生。隨風潛入夜，潤物細無聲」的千古名句，詩人觀察入微，雖說無聲，其實勝有聲。

三、四月仍然是料峭輕寒的天氣，每天的巡田不可少，田裡有草要除、有螺要撿，捲起褲管在田間來回走動，剛下去時寒意襲腳，但泥土比水暖和，腳趾頭在軟泥中接著暖暖的地氣，不一會反倒覺得舒暢，一邊彎腰工作，一邊抬頭欣賞四周美景，身體雖在勞動，心情卻是愜意愉悅。而隨著水位的上升，秧株的增長，

田裡的生態也豐富起來，可以加碼觀察認識田裡的小生物，空閒時還可以拿起相機拍拍寫真集。

沒有農藥、化學肥料的自然水田，是許多昆蟲和軟體動物的樂園，水面上有蝴蝶和蜻蜓飛舞著，水裡有水黽、龍蝨、水蜘蛛、仰泳椿步履輕盈地在水面上游動，長相奇特的紅娘華、水蠆是殺手級的狠角色，抖著小尾巴的蝌蚪型態可愛，長大後無論是青蛙或蟾蜍，在我眼裡都是卡蛙伊，還有行動緩慢但多子多孫的田螺，這些都是環境優劣的指標，他們各自扮演著維持生態平衡的角色，但是大部分的田都因為農藥、除草劑和過多的肥料而失去他們的蹤影。

雜草雖然惹人煩，但是開著小黃花的水丁香清秀迷人，鴨拓草的花朵有紫有藍，袖珍可愛，長梗滿天星花小卻精緻，單聽名字就討人喜歡，酢醬草看似平凡，細瞧也有嬌柔可愛之處，這些農人的眼中釘，以另一種心態欣賞，卻都是田中花朵各有風情，即使是善於掩人耳目的稗草，一旦結穗開花也是丰姿綽約、神采飄逸。

到了五、六月，稻子逐漸開花結穗，青綠中帶點澄黃的色調，和遠山的深綠交織成一片綠階大地，巡田工作變得輕巧，只要調節水位、清除田埂過高的雜草即可。這時候看著一粒種子長成一叢稻株，豐盛的甚至可以結出數百粒稻穀，內心的喜悅就如稻穗般飽滿，日日期待收割期的到來。

為了避開颱風侵害的風險，一般稻田都會在六月底前收割，但因為我和自然農友所選的米種育種期較晚，自然栽種的成長期又拉長，所以收割日常延至七月底至八月初，此時已是颱風季，幾乎每年都會遇到強風的考驗。還記得二〇一四年在即將收割的前兩周，中度颱風麥德姆挾著最高十七級強風來襲，面臨稻秧還沒成熟，不能過早收割，不割又恐全軍覆沒的兩難中，我在颱風接近之前站在田埂中大聲跟稻秧喊話，要他們堅強挺住，一夜的狂風驟雨，徹夜難眠，第二天在風勢稍弱，但暴風圈尚未遠離的時候趕緊來到田區中央，看著狂風吹舞成稻浪，它們彎低著腰，像是手牽手不畏風雨的迎接挑戰，我知道一定可以熬過這一關，果不其然，等風雨止息之後，稻株只是歪斜，稻粒也因為尚未飽滿，仍然牢牢的留在稻穗上，他們的根系慢慢成長，靠自己的力量緊緊的抓住土壤，順應天地滋養的作物生命力果然特別強韌。

接下來的好幾年，幾乎年年都面臨颱風的洗禮，收成或有影響但不致全軍覆沒，至於用重肥澆灌的稻田，無論是慣行農法或有機農法，根系停留在表土吸收養分，雖然植株長的高壯堅挺，但浮淺的根系很容易倒伏，強風豪雨肆虐後，好似被車子輾過般平貼在田裡，不但收割困難，若無法及時扶正，穀粒也會因泡水而變質或發芽。

收割期一到，農田又是一番熱鬧的景象，農民、收割機、起重機、卡車穿梭其中，綠油油、黃澄澄的稻田在收割機的移動中，快速的轉換顏色，成為點點稻稈，黃綠交雜的印象畫。若是手工割稻、割下來的稻穗堆疊一旁，或者綁成一束束吊掛在竹架上日曬，又或者用打穀機將穀粒從稻穗上脫落，農田中忙碌的工作者、失去遮蔽的動物昆蟲，緊隨在後的白鷺鷥、八哥，伴隨割稻的刷刷聲以及踩踏打穀機的吱吱聲，田區裡大夥各自忙碌、熱鬧滾滾。

割稻要趁著好天氣，此時正是艷陽高照的夏日，即使早起也要經歷高溫的折騰，一分地五個人工作，從割稻、整束、打穀、裝袋

也要兩個工作天，當所有工作告一段落，我和夥伴會來回的尋找撿拾不小心遺落的稻穗，不希望努力成長的稻子被我們辜負了。最後望著成堆的稻草、一袋袋的稻穀、粗壯的稻頭，不禁要讚嘆土地不可知的力量，可以讓一把種子長出如此豐盛的作物，滋養眾多生命。

隔天黃昏，割下來的稻束已經乾枯，在田裡找處平坦的區域，用鏟子挖了個大坑，把稻束整齊呈放射狀的圍繞在旁邊，升起營火，準備簡單的食物，我們坐臥在稻草上，圍著營火閒聊。當夜幕升起，四周寂靜，附近草叢遠近傳來蟲鳴蛙叫聲，仰望天空，星光點點，夏夜的風景有聲有色，連日的勞累讓我們慵懶不多話，聞著稻草香，就著營火，舒服得被大地溫柔擁抱，我想這種幸福大概也只有我們這些四體勤勞的傻農們才懂得的。

除草三思

若要農民列出農田中最討厭的傢伙，我想雜草應該是第一名。怎麼說呢？因為各種蟲害有其地域性，也有各種藥劑可以防治，唯獨雜草可說是無所不在，如何有效抑制它們生長，又要不傷作物和土壤，是千古以來農民不變的課題，尤其在台灣因為氣候溫暖潮濕，植物成長快速，再加上勞動人力老化，除草劑的使用成為農民的萬靈丹，每年除草劑的銷售量超過二萬公噸，單位使用量全球名列前茅，就我觀察，不僅農民依賴性高，許多休耕的田區或私人土地，為了方便管理，使用除草劑噴灑快速又方便，而且價格低廉，無怪乎到處可見單調枯黃的田地。

何謂雜草呢？簡單的說，就是除了作物之外，或不想要的植物統稱雜草，所以稻田裏除了稻子之外都是雜草，果園裏除了果樹之外皆是雜草，前庭的草皮除了特定的草之外也是雜草，後院停車場上無論是稻子、果樹種苗或草皮全都是雜草，雜草其實就是愛之欲其生、惡之欲其死的代名詞。

雜草這麼惹人厭嗎？我這幾年與草為伍，看待雜草已練就見山又是山的境界；雜草不只有作物與它的競合關係，除不除草也和土地使用者的觀念息息相關，而除草的過程和方法更是個人田間工作的思維修練，對我而言，除草很簡單，一把鐮刀外加一台電動割草機就可以掌握全局了。

我的除草實習課始於剛到南澳生活的五月天，當時南澳自然田有一區無人管理的稻田需要除草，每天大概花三至四小時蹲在田裏工作，半天下來只清除三排，望著草況旺盛的兩分地，真是沮喪無奈，但初上戰場不能臨陣脫逃，只好召喚朋友一起上。我們設定目標、分區進攻，剛開始進度緩慢，但隨著對草況的認識，可以更快速辨識稻子與稗草的差別，哪種幼苗用手一壓即可，哪些根系頑強需要用鐮刀連根挑起，動作愈來越熟稔、速度也越來越快，久了甚至有欲罷不能的感覺，好似揮刀殺敵，光復失土一樣爽快。

友善農法的農夫深知雜草不盡然是敵人，善加管理也可以成為大幫手。水田用水位來抑制尚未露出水面的幼草成長，福壽螺自然會先解決它們，分擔了秧苗被啃食的風險。若是菜園、果園，雜草的角色就更重要；缺水的時候可以幫助保濕、下大雨的時候可以防止土壤流失，根系在土中伸展幫助鬆土，只要不喧賓奪主，作物和它們大多能和平相處，若是過於猖狂，連根拔起或用鐮刀割掉莖葉，就地覆蓋在作物邊，既能抑制雜草生長，也可以成為天然堆肥。

除草的課題不只以作物為主的利益關係，農夫與土地所有人或鄰人的關係也會讓除草這件事變得難以掌控，我就曾經深受其苦，嚐過自不量力的後果。

話說經歷兩年的種稻經驗，第三年好友明峰也想要帶領他的工作夥伴利用假日一起來體驗耕作的過程，當時他在台北經營一間西式早午餐店，選用台灣友善小農的產品，明峰對於能夠參與從產地到餐桌的生產過程一直很感興趣，所以就邀請他一起共耕，但原先的一分多地覺得不太夠兩間餐廳使用，於是詢問由張興仁牧師所領軍的有機稻米合作社是否有農地分租，但因為合作社的規定，所種的米要由他們收購再分賣給我，而且只剩一區六分

地，必須一起承租。我心想或許可以調整耕作的方式，用機器插秧、收割，適度施放有機肥，收成好皆大歡喜，若不好也能以量致勝，於是每日奔波於相距四公里的這兩塊共七分多的田區。

六分地的田區分成六塊，單單田埂的長度就將近六百公尺，巡田水的時候必須處理這六小區共十二處的進出水口水量，若沒有調整好，就有可能這一區水位太高，大進攻的福壽螺讓人措手不及，那一區水位太低，田土露出水面，雜草趁勢快速成長，我既要調整水位、割除田埂的草，還要下田捕秧、拔草、撿福壽螺，雖然偶有朋友來幫忙，但遠不及雜草成長的速

度，眼看田裏的雜草都高過秧苗了，只好請附近的老農夫來幫忙。

這位阿伯年近八十，閒閒沒事想賺些零用錢，他說一天兩千元，每天工作八小時，我跟他約定三天試試看。工作的第一天我大約七點多來時，他已經跪在田裏工作，田埂邊整齊的放著他脫下來的西裝褲和手錶，我問他跪著不會累嗎？他說：這樣腳才不會痠啦！他的動作非常俐落，雙手像在水中搓湯圓似的劃圈圈，將淺根的草順勢抓起來就近堆疊，原來台語除草稱作「挲草」就是這個意思。阿伯跟我說：你這塊田很多年沒種稻，草根很多，翻耕之前泡水時間不夠，草籽和根頭沒死透，很麻煩啦～我這才意會

到，為什麼這一區田沒人要租，我真是中頭獎了！

阿伯的時間觀念很準確，每天早上七點上工，十一點休息，下午一點到五點準時上下班，第二天下午我跟他一起在田裏除草，他忽然站起來走到田邊的水圳清理手腳，然後穿上他的西裝褲，戴好手錶，穿上脫鞋，跟我說掰掰，然後騎著腳踏車揚長而去，我洗手去機車上拿手機看時間，他可是準時五點整收工，一分鐘都不浪費。

三天裡，我們只完成一分地的除草工作，他問我還要繼續嗎？我盤算單單除草就要花兩萬四千元，實在不敷成本，又看這位老人家整天跪在地上於心不忍，於是跟他老實說這樣就夠了，他倒也不以為意，淡定的說需要再跟他說。

接著我和明峰動用了各方朋友關係，招募年輕人來打工換宿，下田人數超過一百人次，每天起早下田，晚晚收工，無奈雜草勢力太強，一轉眼已被雜草攻城掠地，田裏不僅長草，連波斯菊都開花了。當我們埋頭在草叢中除草時，總有路過的居民問我們在做什麼？還有些農民開玩笑的說：你們種的花很漂亮喔！

眼見大勢已去，清除所有的雜草已經是不可能的任務，我想那就放棄狀況比較差的幾區，能收多少算多少。但是鄰田的農夫，也是當地最專業的農民蘇大哥跟我說：草太多不行啦！到時候收割機的師傅會拒絕收你的稻子，因為雜草會卡在機器上，他們清理會很麻煩，而且送到碾米廠他們也會檢查，草桿太多的會直接退貨不處理。

這下可糟了，六分地總不能全用手工割稻吧？而且允諾合作社的事怎麼辦？最重要的是花了這麼多時間人力，怎麼可以就此放棄呢？再加上若沒好好處理，任由荒廢，不但對不起稻子、對不起張牧師、對不起地主、也對不起跟我一起揮汗工作的朋友，爾後要租地恐怕也會被列為黑名單。

權宜之計，先將靠近馬路邊這一區的草除乾淨些，已被草海淹沒的區域只好留著用手工割稻，除草的方式也從跪著拔草，改為站著踩草的方式盡量掩人耳目。收割機來的那一天，心情非常忐忑，深怕過不了他們的法眼。還好，當我誠實的跟他們溝通，最後同意收了其中四區，另外兩區就交由我們手工處理。經過這次的教訓，我學到很多田間管理的眉角，也清楚知道自己的能力極限，隔年我縮回一分地的耕作面積，不逞強的好好照顧一塊田、一塊菜園，心情和身體也調適到較輕鬆自在的步調，除草有了不同以往的心態，不慌張、不對抗，量力而為就是了。

後來每當有朋友或年輕人來幫忙時，總會讓他們除除草，引導他們眼睛要專注的辨識植物，雙手感受拔草的力道。在勞動中思緒彷彿特別清明，大家各自埋頭沉思，想著除草的道理、想著人生的課題，雖然空間是開放的，形式是自由的，但在生態豐富的田裏，這裏比禪房更具有能量，比靜坐更能療癒內心，至少我是這麼覺得的。

非典型花菜園

都市人愛逛街，我這個鄉下人喜歡四處逛逛鄉間鄰里的小菜園，居民種植許多供自家食用或小量販售的蔬果，面積或大或小，但種類依時節變換而各有風貌。一區區菜畦輪番播種季節作物，不同作物有不同種法，比如茄子和辣椒要立柱支撐，而蕃茄除了立架還要掛網讓枝蔓攀爬，至於苦瓜、絲瓜和百香果這類藤蔓幅員更廣的，還要做ㄇ字棚架來支撐，因此自家菜園的形態可說是各異其趣，懂得欣賞的自然能看出一些門道。

我的第一處菜園是剛搬到南澳時鄰居免費借用的，雖緊鄰河堤但是取水不易，蔓草荒蕪多年，有機質自然豐厚，在除去雜草之後，和夥伴們拿著圓鍬、鏟子，隨感覺挖出曲線走道和不規則狀的菜畦，完成後往高處鳥瞰，像是龜背紋路，也像是迷宮。

我們在外圈種些長年生的作物，挖來幾株芭蕉苗種在角落當地界，保留邊角幾棵農民必除掉的桑樹做為乘涼、採桑果之用，附近則種了一些耐陰的香草植物和花卉，將最大一塊菜畦灑上不同花的種子等著四時欣賞。至於其他菜畦，則依照個人喜好開始實驗性質的種了一些當季作物，以不施肥不灑藥的自然農法試試看哪種作物最適合這塊土地，結果紅蘿蔔、芫荽、萵苣、韭菜，這些蟲蟲不愛吃的長得肥美燦爛，而芥菜、高麗菜、蘿蔔這類十字花科則是被蝸牛和蚊白蝶幼蟲吃個精光。

昆蟲、蝴蝶不請自來，無論是害蟲還是益蟲，在我眼裏都是可愛的小生命，有時不得不除去，便將之移到休耕的鄰田眼不見為淨。蝸牛也是厲害的角色，無論地上或樹上，所有鮮嫩的幼芽都逃不過他們機靈的眼睛，一不留神就被吃光光，而且牠們的攀爬功夫一等厲害，連長滿尖刺的刺蔥樹幹也無所畏懼，對付他們的方式就是撿起來，用棒球投手的姿態往河堤的另一邊扔過去，願牠們安全落地，另謀生路。

這片菜園不大，大約只有二百平方米，但最高紀錄，作物加上可食用的野菜高達七十幾種，有些收成好(例如樹豆、洛神花、紅蘿蔔)，有些屢試屢敗(如苦瓜和高麗菜)，每日晨昏在菜園工作，除草澆菜，覆土堆肥，細心呵護每一株作物，當一粒種子埋

入土中，就啟動生命的周期，看著初芽撐出表土，長出子葉，只要水分足夠，土壤健康，即使沒有添加肥料，也可以將生命的能量展現到極致；某些作物自己安好，長得健壯秀美，有些因先天不良或後天失調，始終瘦弱不振，等不到開花結果也只能化作春泥。看著不同植物成長的樣貌，無論收成如何，觀察的歷程著實令人著迷。

植物的每一個階段各有可欣賞的面貌，例如常見的紅蘿蔔，以條狀灑種，附上一點土，很快就可看出像芫荽葉狀的羽狀複葉，等長到一指高時就可以疏苗。小苗氣味清香、口感清脆，清炒煎蛋就是一道美味小菜。

待長高一些，再次疏苗，小小的紅蘿蔔和葉子整株醃漬也是風味獨具。接著枝葉繁茂時，從上往下看是一片鮮綠，趴臥觀賞則彷彿像座保護良好的小森林。直到地下根長大，拔蘿蔔的趣味便猶如抽獎活動，枝葉大的不見得就大，有時還有各種造型出土，逗趣的模樣，讓人捨不得分解下鍋。最後還會留一些開花取種，複繖型花序的小白花如一朵朵聚合的雪球，美不勝收，剪幾株插在花瓶裡，不知情的或許還以為是花店進口的名貴花材。

由於緊鄰菜園的鄰田都是休耕地，隔著水泥堤防就是雜草蔓生的溪流，四周環境自然，生態也豐富，經常會發現動物的蹤跡，好幾次騎車經過河堤時，手臂粗的過山刀（一種無毒蛇）快速地從河堤鑽入草叢，狹路相逢不免讓人嚇出一身冷汗。有次在河邊提水時還發現一隻柴板龜在水裏悠然游泳，令我喜出望外，可惜匆匆相會，未再相逢。

田間的野鳥不在話下，樹上的、河邊的、草叢中的，總有不少大小鳥兒盯著我身邊那隻調皮的小狗多多，獵犬性格的牠不時在草叢中追逐田鼠、秧雞或環頸雉，狗吠鳥叫也成了農務工作的場景配音，有點吵雜又那麼和諧有趣。若是到了整地播種期，翻耕機一來，附近田地的黑白兩道頓時齊聚一堂，白鷺鷥家族呼朋引伴，優雅漫步、伺機而動，黑衣八哥則是跳著滑稽的舞步穿梭其間，一年四時總有好戲在這片遠山近田上演，是我百看不厭的優美動畫。

這裡的生活有工有閒，辛勤勞動除了希望有好收成，也要適時休息，把工作當遊戲，那麼花在田裏的時間和體力不是付出而是收穫，累了就坐在田邊看看四周的風景，放開自己的五感體會四周脈動，拿起相機紀錄片刻的美好，桃紅色的青葙花朵、灑在邊坡

的波斯菊、比滿天星還美的土人蔘粉紅小花、形態婀娜精美的蕨類幼芽、美艷動人的洛神花、躲在草葉間的螽斯、瓢蟲、草蟬、麗紋石龍子、澤蛙和黑眶蟾蜍，我滿懷歡喜地欣賞著他們的姿態，好似擁有了一大片繁花盛開，生機盎然的小森林。

很遺憾這片菜園在兩年前因為河道整治不得不棄耕，原本可以順著斜坡溜下去就近取水的河道，在被怪手挖了數米深之後，已經無法走下去取水，只能仰賴雨水繼續照顧已經自立自強的芭蕉、檸檬和樹豆，我的小森林逐漸又恢復了原本的模樣。

慶幸的是，朋友租到一塊田區邀我相助，於是好糧菜園便遷移到食堂後方不到一百公尺的地方，不但能就近照顧，更拉近了從產地到餐桌的距離。這處菜園之前已耕種多年，我們保留既有的菜畦形式，另外在中間開挖圓型的花圃區，又在後方搭建棚架，種了葡萄、百香果、蝶豆花這類爬藤植物，保留可容納小團體活動的空間，其他菜畦則依據取水遠近的需要，分別種了常用的辛香料和香草植物，以及季節性的蔬菜，而原先四周已有些常年的作物─芭蕉、甘蔗、芭樂、鳳梨、刺蔥、香椿，因此除了前人種樹的成果，再加上陸續栽種的作物，目前已有超過五十幾種可食用植物，不但自己夠吃還能部分提供食堂使用，要蔥現拔，要薑現挖，要菜現摘，好糧的菜單也依據菜園作物的成長設計菜色，一步步朝向低碳飲食的理想邁進。

這非典型菜園栽種的不只是糧食，還有我精神糧食和生活夢想。

自不自然皆農法

多年前曾參加淡水社大的永續農耕課程，每周六搭同學的便車到一處私人農地，二十幾位學員先在簡陋的工寮棚下上課，然後各自到分配好的菜畦上實際操作；由於我是菜鳥，有幸得到老師的特別照顧，直接在我的菜畦上示範種植方式，於是比別人更快有了成果，每個星期只要去澆澆水、拔拔草即可。當時對於永續農耕的瞭解，僅止於不要噴農藥，要使用自然或有機肥料等基礎概念。

有一回老師特別指著靠水溝邊角一塊雜草茂盛的菜畦說：這裡面種了一些菜，我刻意不去拔草，因為這樣可以形成微生態系，雜草可以保護土壤，不但保濕還可以防曬，只要不擋住菜的高度，他們是可以和平共處的。他還拔起了幾株空心菜和山芹菜給我們瞧瞧，雖然不特別肥美，倒也亭亭玉立，健康無病。當時對於他的這番話半信半疑，覺得老師的道行太高了，因為我看到的菜園通常都是容不下作物以外的雜草，爸爸的菜園也是除了菜之外，總把雜草除得一乾二淨，他說這樣養分才不會被雜草吸收，我覺得也有道理呀！

幾年之後，再次學習農事，重新關注各種農法的內涵及方法，常聽到的有慣行農法、有機農法、自然農法、BD農法、無毒耕作等等。剛來南澳時，因為先認識一群南澳自然田的朋友，非常認同他們的理念，也就當起小跟班，從學習種稻開始，觀察不同農法種植的狀態，同時開闢一處小菜園，實際以不施化肥，不灑農藥的方式種植多樣性蔬果。

自然農法是由日本人福岡正信於一九三六年建立的農業系統，是指不除草、不施肥、無農藥，仿自然耕作方式，活化土壤，順著節令與土壤地形施種。使用「自然」一詞是為了與慣行農法中施肥、施農藥的耕作方式有所區別，主要的內涵是順應生物習性，儘量降低人為干預，了解到只要照顧好土地，作物自然健康，我們也能獲得安全的糧食，若是使用農藥化肥，土壤便會失去生機，只好用更多的肥料澆灌作物，惡性循環下，生態失去平衡，民眾的食安問題也就層出不窮。

這樣立意良好的觀念和方法不是很好嗎？早年沒有機械與化學肥

料時不是已經耕作了數千年嗎？然而，別說是台灣，即使在日本，自然農耕的人口和面積仍遠遠不及慣行農法，何以如此呢？簡單的說，就是此法因為管理耗時，無法大面積耕作，剛開始產量低、價格也相對較高，民眾的消費觀念接受度自然偏低。

這幾年觀察南澳施行自然農友的成效，也發現到除了方法、產量、價格之外，推動不易的一些因素。民國九八年政府為鼓勵老農退休，協助年輕農民擴大農場經營規模，促使農地流通及活化農地利用，推出「小地主大佃農」政策，以提高整體農業生產效益與競爭力，當時農友阿聰整合了附近一些零散的休耕地（主要是南澳鄉原住民的農地），邀集一些友善小農合力承租下來；對地主而言，有人幫忙管理田區又可以坐領補助金何樂不為？而對農友而言，小面積且租金低廉，讓他們更有意願嘗試友善環境的自然農法，因此也吸引了沒有資本，但有體力和時間的新農夫一起加入。

我在一〇四年和朋友一起承租了一分地，以自然農法耕種稻米，從育苗、除草、整地、引水、插秧、照顧、收割到打穀，以手

工的方式完成一季的稻米耕作，深切瞭解種稻過程中會遇到的諸多問題，比如：田地承租的位置與水源引水的方便性、水位的管控時機，雜草和福壽螺的微妙平衡，人力的支援，工具的投資、機械的調度等，需要技術也需要社區夥伴的支持。

至於收成好不好呢？說真的，比預期中好很多；若不計人力及時間成本，一分地二百五十公斤的收成已經心滿意足，即便連續三年在同一塊地種稻，產量略有下降，但也相差不大。後來因為颱風將旁邊的小樹林摧毀，無力疏通灌溉水道，只好轉移陣地另起爐灶，好不容易維

持的純淨田地，沒多久四周就被灑了除草劑—因為雜草叢生是領不到休耕補助的。

其他農友的狀況呢？耕作面積最大的南澳自然田除了稻米外，也曾種植過花生、秋葵、洛神、樹豆、薑黃、南瓜…等多樣作物，除了洛神和薑黃長得好之外，其餘因產量低或採收耗時也就漸漸消失，而且無論除草或採收，都需要大量人力投入、管理與經營都是成本，目前他們也從耕作者轉型為契作代耕業者，以不同的型式在推廣友善耕種。

尊奉秀明自然農法的阿聰自然田，則始終嚴守不施肥，不灑農藥的方式耕種稻米、黑豆、甘蔗，以一己之力默默的耕耘著，雖然產量仍不多，但建立自己可信賴的品牌，走的是藍海策略。不過這幾年也常因為租地變更的問題，辛苦養好的耕地又得棄守，對於自然農法而言是一大困境，因為健康的土地需要多年淨養，作物適地適性之後產量才會逐漸提高，但地主說要收回也無可奈何，只能再找適合的田地重新開始。

至於其它滿懷熱情的小新農，在經過一期種稻的磨練後，長則兩年，短則一季，最後總悄悄的退場，原因不外乎收入過低，一分地的淨利大約只有五千元至八千元，每個人可以管理的面積大約是五分地，南澳地區又只有一期稻作，即使不用養家活口，但連最基本的生活也會有困難，再多的熱情很快也就熄滅了。

相較於自然農法，農民對於有機農法的接受度比較高，政府這幾年的推動和鼓勵措施也吸引了一些農友從慣行轉作有機，在南澳最有名的品牌當屬張興仁牧師帶領的有機稻米產銷班，他引進技術、開設課程、申請補助、建立品牌，一開始確實也吸引不少老農加入，但這幾年或者因年紀大、不堪勞動，又或者因理念不合而分道揚鑣，甚至還有因不按規定施作被迫退場的，使得耕地面積和參與人數逐年減少，有機農法的理念也似乎停滯不前。

最終，大部分的農民還是習慣用最簡單上手的方式種植，所謂的慣行農法就是這個意思。用調配好的化學肥料或養分極高的雞糞施肥，費用低但成效卓著，病蟲害只要去農藥行詢問就可對症下藥，至於田邊的雜草更只需噴些除草劑，就可以維持好長一段時間的乾淨—這些方法都可迅速便捷地降低勞動力和提高產量，農民們當然眼見為憑，因為看不見的環境汙染無法想像，收成與利益才是首要之務。

這幾年對不同農法的觀察和自己的經驗，我認為農業絕對是一門複雜又高深的學問；各種農法都有他的條件和限制，自然農法需要時間的厚待，土地才能看到成效，而有機農業仍有制度上的漏洞，慣行農法則對環境會造成負面影響。但是農業用藥就真的十惡不赦嗎？人類生病有慢性和急性，有些要從體質和作息改變，有些要立刻解決，對症下藥。若藥物取之天然又沒有副作用是不是也可以先服用，然後藥劑慢慢減輕到全然恢復？若是先天體質不佳，需要補充某種養分，那麼經過合理劑量的服用，使之慢慢恢復是不是也可以接受？目前這方面的生技研究也漸漸朝友善環境發展，在台灣也有成功的案例；如何導向善待土地，營造多樣健康的土地和永續環境應該是每種農法的終極目標。

我的小菜園仍在實驗中；有些作物只要種下去之後除除草，即可安心等著收成(例如樹豆、洛神、薑黃、芭蕉)，有些需要多一點關懷、多一點愛，除草覆蓋再施放些有機肥料或堆肥，雖不一定高大粗壯，但也不會讓你失望(蔥、紅蘿蔔、香菜、萵苣、辣椒、九層塔)，還有一些不只關懷不只愛，還像媽寶似的要小心呵護(芥菜、白菜、高麗菜這類十字花科的蔬菜)，偶爾用自製的辣椒水噴一噴，但多數的蟲子也不怕辣，所以經常全軍覆沒或只留些殘缺的葉片給我。

農業知識浩瀚如海，但至少我知道哪些菜不用強調有機也可以安心食用，哪些蔬菜有經過照顧，要多加留意，但也不用戒慎恐懼，食之不安。我想最好的農法就是做一位誠實友善的耕作者，以及懂得選擇的消費者吧？

Part 2

好糧食堂

在鄉間開一間小食堂，不僅提供餐食，也是各方朋友聚會的客廳，這裡是陌生人的臨時驛站，也是我生活理念的展演場。用自己覺得舒服自在的生活方式，營造一方友善空間，有緣進來的招待一頓餐食，有心前來的感受人與土地的生命力。期許自己每一天都能眞誠熱情地接待客人與小幫手，相信即使小也能美好的過日子。

LCW.

半農半X，重新找個X

決定離開都市，進入農村生活，雖然懷抱晴耕雨讀、自耕自食的美好想像，但也知道務農絕對是件辛苦事，無田、無屋、微積蓄的我，必須在夢想和現實中找個支撐點，除了勇氣和信心之外，還是得面對如何維持經濟生活的實際問題。當時剛好接觸到半農半X的議題，心想若能以自己多年來累積的工作經驗，當個自由接案的工作者，又能種菜耕田，自給自足豈不美哉？

「半農半X」這個名詞是由日本人塩見直紀所提出的。塩見先生原本是一位都會上班族，和許多人一樣，無法安適於都會生活，選擇在三十三歲那年辭去工作返回家鄉—京都郊區的綾部市，思索如何過著自給自足的農耕生活，同時還能以自己的專長維持生計，經過一段日子的摸索，提出半農半X的概念。

這個新穎的概念對於想要親近土地，卻又不完全有時間或能力成為專職農夫的人來說，相當令人心生嚮往。半農並非指一天中用一半的時間務農，塩見先生認為藉由接觸泥土與生命，可以超越以人類為中心的想法，發現生命中更重要的使命。而X是不特定職業的代名詞，依據個人專長、興趣，發揮自己與生俱來的天賦，社群中的每一份子各司其職，又能和土地連結，創造多元又健康的社會新文化。

塩見直紀所著《半農半X的生活》在台灣和日本都引起很大的迴響，還多次應邀來台演講，後來又出了一本介紹綾部市八十八位各類型實踐者的書—《半農半X的幸福之路—八十八種實踐的方式》，其中包括有詩人、畫家、廚師、攝影師、花藝師、舞蹈老師，也有開民宿的老太太、熱愛音樂的年輕人、中年轉業當木工的夫妻……等，每一則故事都非常精彩，加上塩見先生極具正能量的文筆，鼓勵不少人勇於築夢踏實，半農半X運動漸漸在台灣遍地開花，形成一股多元的農村新力量。

我也是因為讀過這本書，才對於想要好好過生活的期待，開始有比較鮮明的實踐藍圖，雖然X仍像個十字路口，等待我決定往哪個方向去，不過，開始當個農夫至少沒有紅綠燈的限制，於是就帶著所有的家當，滿滿的勇氣和不確定的信心，落戶在宜蘭縣最

南端的南澳。

一切從頭開始，先學習農務，調整生活步調，觀察在地的社經狀況，慢慢找出適合的工作。因為以往從事和環境教育、自然生態攝影有關的工作，對於規畫專案、執行活動也累積不少經驗，若能發揮所長，參與社區發展，應該不難上手，於是參加了宜蘭社區大學舉辦的社區營造員培訓計畫，認識不同社區的人與事，參訪一些運作得不錯的社區，在這段充電的學習過程中，確實對社區工作有些興趣，也實際進行居住地區的資源調查，但是熱情不久後就降溫了。為什麼呢？因為覺得孤軍奮戰，身心疲累。

社區服務雖是件有意義的事，但是在缺乏一起合作的夥伴時，就變成單打獨鬥、消耗大量時間的工作，再說，因為計畫的執行通常由政府部門補助經費，一堆行政事項、單據核銷更讓我領悟到一件事－我不是厭倦那些徒具形式、不合理的行政工作才離開，為何如今又掉入這種模式中？雖然願意以鄰為友，但我更重視獨處的時間，不再年輕的我，時間和體力都非常有限，必須找對真正喜歡的事，時時刻刻感到開心才行。

這條路暫時亮了紅燈，但摸索的過程讓我主動認識了社區大大小小的朋友，因此開啟另一條可以嘗試的路－當老師。

二〇一二年的暑假，鄰近的蓬萊國小正在找代課老師，社區的義工媽媽主動問我要不要試試看。當時已經半年沒有收入，在還沒有明確的X之前，先當作小X也無妨；儘管不曾當過老師，但上講台講課是難不倒我的。

蓬萊國小是南澳地區最早設立的學校，已經度過了九十年校慶。早年每個年級都還有兩個班級，現在全校學生僅有百人上下，多數老師每天都得從宜蘭或羅東搭火車來上課，儘管合格教師為數眾多，但少有人願意流浪到此，我因為符合當代課老師的最低要求(大學畢業以上)，於是趕鴨子上架地當了一年的國小老師。

代課老師其實是分擔各年級教師的一些課程，每個班級我都要上課，一年級教健康、二年級綜合活動、三年級體育、四年級自然、五年級藝術、六年級綜合活動，所以全校每個同學我都認識，街頭巷尾的鄰居也改喚我一聲葉老師。

葉老師十八般武藝樣樣不精，儘管備課認真、演說賣力，但面對

精力充沛的孩童，每每上完兩堂課就精疲力盡，尤其遇到過度活潑或態度欠佳的學生，又不得不板著臉說教，內在也是小孩的我出來反抗了，我不喜歡那個板著臉的自己，而且覺得自己沒有受過正規的教學訓練，是否占了更適合當老師者的缺？

因此當老師這個選項在心裡亮了黃燈，X仍然閃閃爍爍、曖昧不明。移居來南澳也一年多了，雖然還沒找到最適合的工作，但有一件事是很確定的—我喜歡在田裏工作，對於親自種出自己吃的食物感到喜悅、驕傲、滿足。

南澳臨海近山，位處蘇花公路的中繼站，環境開發較受限，擁有無工業污染的純淨灌溉水，加上近海的定置漁網提供新鮮魚獲，社區農民自產自銷的蔬果，豐富的食材足以滿足大部分居民所需。平時通常自己下廚，偶爾外食時，卻總沒有合意的餐館；當地的餐廳多為宴客型的海鮮餐廳或小型麵飯館，尚無一間標榜在地食材且重視飲食健康的餐廳，於是和夥伴商議，不妨開一間以米飯為主題、在地食材為訴求的主題餐館，不但能落實從產地到餐桌的低碳飲食理念，藉由食物的交流，正可以和半農半X的理想生活無縫連結。

考量當地消費族群和經營方針，我們決定周間從事農耕，假日經營餐廳，農耕的部份以種稻為主，同時小規模種植常用香料與蔬菜，食堂的食材種類以在地當令的作物入菜，我們的想法是多樣種植，除了自種自食也應該支持在地農友，所以耕作不以量產出售為目標，而是純然喜歡親近土地，觀察作物的成長過程，最後得以成為滋養生命的食物，還能和來店用餐的客人分享。

有了這樣的願景，我們開始親力親為打造一間小而美的餐廳。歷經三個月的裝潢改造，掛上親手用鑿子製作的木板招牌，我的X—好糧食堂，終於在二〇一三年七月掛牌上陣了。

好糧食堂
Good Eats Cafe

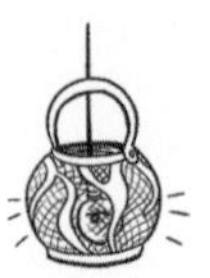

老屋大變身

移居南澳最先要解決的是居住問題；到鄉下找房子沒有仲介可問，租屋平台也沒有相關資訊可查，靠的就是四處打聽，找對人問就有門路，不然也只是可遇不可求。起初看了幾間，不是過於老舊，就是格局狹小，想要整理到舒適的狀態，必定要花不少錢和精力，對於居住品質極為要求的我而言，找房子著實花了不少功夫。

幸好皇天不負苦心人，後來輾轉經由朋友介紹，認識了大南澳長老教會的張興仁牧師。早我幾年搬來的張牧師不但熱心投入協助老農組織有機稻米班，行銷在地品牌的稻米，也因為樂於助人，聽說有位女新農要來務農生活，便積極打探適合的房屋，還親自開車帶我認識在地朋友，也多虧有張牧師的出面，才能順利找到這棟空間與格局都恰到好處的好糧現址，在台北的工作還沒結束前，就毫不猶豫的先訂了下來。

這棟兩層樓的水泥房就座落在隸屬蘇澳鎮的南澳路上，一開始非常困惑，這裡不是南澳嗎？為什麼門牌是蘇澳鎮？又為何稱為南澳路。原來，蘇花公路從蘇澳到南澳火車站，靠海的東面劃歸蘇澳鎮轄區，靠山的西面則屬南澳鄉，主要原因跟人口結構有關，南澳鄉為泰雅族群，蘇澳鎮多客家族群與漢人，不過因為交通與地理位置相近，屬同一帶狀生活圈，所以從東澳到南澳火車站這一帶統稱為大南澳。

房子的外觀雖是單調的水泥老房子，不過室內空間簡潔，沒有多餘的隔間，二樓還是狀況良好的木地板。聽說前一位房客是代書，看得出來品味不錯，我只要稍微整理就可以入住，所以家當搬過來就定位後，仍保持極簡的狀況，心想既然要展開新生活就慢慢打理，逐步形塑自己的生活空間，空才是最好的狀態，包括心和這個新家。

畢竟是老房子，壁癌是少不了的，還有些木作門窗掉漆腐朽、電源插頭故障等小問題，自己DIY處理尚可應付；生活中總有些大小的麻煩要解決，一旦完成了就告訴自己其實沒那麼難，生活就是不斷的解決問題，卡住了就上上油，然後一步步繼續順著軌道往前走。

一、二樓的空間各約二十坪，二樓空間已足夠我一人生活，而空蕩蕩的一樓尚不知該如何運用。曾想過開書店，可是觀察附近圖書館的空間舒適，藏書豐富，平時卻也只有小貓兩三隻，若是開書店會有人來嗎？也曾想過開課輔班，找朋友來教英文或生活才藝等，但南澳人口少，學生更少，社區若有活動也都是免費的，要招生恐怕寥寥無幾。那麼，弄個民宿或背包客棧呢？這裡的民宿雖不多，但以目前的遊客量評估，投資成本很難在短期內回收，何況只有一年的租屋風險，房東若不願續租，豈不懊惱？

經過一年，一樓空間仍保持家徒四壁的狀況，唯獨朋友幫我製作的木餐桌總是熱熱鬧鬧的圍著各方來訪的朋友，我樂意下廚做菜招待好友，上桌的都是新鮮的在地蔬菜、鮮魚、有機米飯，空間裡總是迴盪著單純樂音和歡樂的笑聲。

二〇一三年初，那位曾經和我一起參加南澳自然田插秧體驗的女

生—宇芝，在泰國的樸門農場實習了半年，回台灣後也想來南澳實踐她的學習成果，我邀她過來一起生活，彼此可以互相照應、共同思索半農半X的未來。我們一邊種田、開墾菜園，一邊規劃X的發展，當時我已經在蓬萊國小擔任代課老師半年，知道當老師不是我的X，和宇芝多次討論後，認為南澳的食材豐富，但餐飲店缺乏在地特色，或許可以開一間具有鄉村風格的小餐館，於是和房東商議延長租約，經過她的同意，我們開始擬定計畫、評估經費，一步步的著手進行。

我們倆都沒有受過餐飲相關的專業訓練，不過我家以前有很長一段時間經營小餐館，對於餐廳的日常事務仍有概念，而宇芝高一那年隨父母移民加拿大經營有機農場，對於食材有高於一般人的了解，她的個性獨立自主、吃苦耐勞，我們合作打造一間小餐廳應該不是問題。

兩個臭皮匠就這麼從空間的規劃、店名構想、室內裝潢、廚具購置，擬出工作流程和完成時間，逐一開始進行。二十坪的空間要有廚房、廁所、吧檯、用餐區，每一區的配置牽涉到廚具的尺寸、人員的進出動線、桌椅的擺放，因為空間有限反而要設想周全，我向附近的土木師傅詢問裝潢經費，他評估改建廁所及全屋水電的重新配置大約二十萬，這個經費幾乎就是我們所有的預算，真沒想到在第一關就遇上了大難題！

就在不知如何是好之際，當地朋友介紹我們去找一位住在南澳村子的原住民楊大哥，他平常住在台北從事建物空間破壞和家具清理的工作，有空就回來照料他的香菇園，也常幫朋友蓋鐵皮屋，基本的土木水電工作都難不倒他，在我們誠意的請求下，他願意協助我們先把原有的浴廁空間打掉，再由另一位水泥師傅把地板和廁所蓋好，他再利用回來的空餘時間完成後續工作。我們跟他說預算很少，能自己來就自己來，他聽了也很爽快，告訴我們怎麼省錢，磚塊和水泥去五金行訂購，砂石自己去河邊挖，廁所的門他有二手的免費送我們，窗戶的尺寸量好直接跟鋁門窗業者買來，請水泥師傅裝上去就可以了。

於是我們當起了菜鳥小工，朋友來就跟我們一起去挖沙撿石頭，磚塊自己搬，油漆自己刷，師傅需要什麼就當跑腿的。或許因為看到我們兩個女生這麼勤奮，楊大哥也不計酬勞鼎力相助，成了我們的有求必應公，幫忙處理許多疑難雜症，充分發揮他十項全能的本事。需要竹子做燈具就上山去砍，需要木頭就帶我們去河邊撿，廁所的門裝不好也幫我們搞定，油漆漆不好就搶著幫忙漆—這些工作都是出自他的真心誠意，我們從他身上看到原住民朋友熱情助人的個性，凡事自己動手做的真本領，是我們開店的第一號貴人。

當然貴人不只一位，幫忙裝馬桶和重新配置水電的師傅蔡先生，還有協助解決牆壁發黴掉漆問題的木工師傅阿志，三不五時被召喚來當搬運工的健宏，以及提供好點子的藝術家林先生，都是整修過程的大幫手。林生先更是義務來教我們用石頭和敲碎的磁磚和著白色水泥貼在廁所牆面上，我們不知跑了多少趟海邊撿扁平圓滑的石頭，依大小分類，每天輪流蹲在廁所仔細張貼，花了近一個月打造了一間獨一無二的夢幻廁所。

泥工和水電工程進行差不多時，開始準備添購桌椅和布置空間。宇芝提議請一位有一面之緣的木工師傅老洪來幫我們製作桌椅和一些層架，他是她表弟大學同學的國中同學，就讀台大城鄉所碩士時，因為研究漂流木使用的議題，在台東和一位藝術家伊命學木工一年，原本要走建築師這一行，途中也因為愛上木工而轉彎，後來在台南和朋友合夥開手作傢俱工作室。宇芝得知他要到花蓮朋友的民宿工作，想請他順道來南澳幫我們作一些木工，增添餐廳的特色；他先把桌子的板面裁切好，開著貨車載到南澳，再利用幾天時間在這裡組裝和使用我們撿來的漂流木製作椅腳和層架。

我平日還在小學上課，大部分時間宇芝跟著老洪打磨椅腳，幫忙木工的雜務，我下課就當起廚娘，煮一桌好菜慰勞大家。我們一起工作生活，有時間就到附近玩樂，原本預計五、六天的工期，在我們要求這邊多做一些，那邊請再幫忙一下的狀況下，他多留了兩星期，但成果著實令人刮目相看。一間別具風格、具有不規則形狀椅腳的木板餐桌，婀娜多姿、人見人愛的長腳木椅，用竹子作的燈罩，手工質感的層架，配上自己漆的海藍色牆面和鵝黃色的天花板，溫暖又協調，歷時三個月打造的食堂終於完工了。

before

在做最後的收拾清理時，我們拉了三張椅子坐下來合照，為這次完美的合作留下紀念，看照片時我隨口說：怎麼很像結婚照呀！正經八百的。老洪問我們要不要一起去花蓮朋友的民宿看看，我興沖沖地說我也要跟，但出發前一天，忽然後知後覺意識到自己好像是個大燈泡，於是胡謅了一個理由說不去了；他們似乎鬆了一口氣，我則感覺好像有好事要發生，而這件事，不說你們也知道吧！

是的，他們在隔年六月結婚，九月宇芝離開南澳，又不久就一起搬回加拿大，現在有了兩個小孩。

阿嬤菜攤食材曆

南澳火車站是大南澳地區的主要交通樞紐，附近的村里人口少說也有兩三千人，卻沒有菜市場，只有兩間蔬果店和四間肉攤，餐飲店的食材主要從外地運來，多數居民會在自家附近種些蔬菜，加上往來羅東市區的火車僅半小時，因此菜市場在南澳就比不上便利商店在居民生活中的必要性。

不過，若要採買新鮮的在地蔬果，好糧食堂旁的兩間肉舖兼賣蔬果的店家，可以說是南澳在地食材的集散中心，每天經過，無論缺不缺菜，總會看看攤位上今天出現了什麼蔬菜水果，有沒有什麼新奇的食物，或者和老闆聊幾句，問問看最近可有我需要的蔬菜水果，或是剛好遇到來寄賣農產品的農友，就直接一手交錢一手買菜回家，這種短距離（也許就在附近幾百公尺）的產地直送直銷方式可以說是最鮮活的南澳食材曆。

我稱這兩家肉舖為左邊的阿嬤菜攤跟右邊的阿嬤菜攤（就在相距二十公尺的對角線），每日清晨五點多，附近的農民將蔬菜水果或加工品分裝包好，標上價錢自行放在肉舖前的架子上，當季常用的葉菜類二十元至三十元不等，各類瓜果就依照時價參考著標價，同樣的蔬果，大小不一，價格也自由心證，早來購買的選擇性大，到了八點就所剩不多——這裡可不像連鎖超市隨時可補貨，明天也不見得還會有相同的菜色。

住在南澳之後，才真正感受到四季作物的成長變化與收成時序；春天的菜攤最是鮮綠艷紅，大把的青蔥、香菜、韭菜、茼蒿、蘆筍、菠菜，嫩綠清脆，直接下鍋就爽口美味。小蕃茄品系多種、鮮食涼拌總能為餐桌妝點色彩，小小紅蘿蔔雖然形狀奇怪，煮湯燉菜可是滋味鮮甜，紅鳳菜紫的發亮，麻油水炒讓人食慾大開。

夏季是蔬菜瓜果大車拼，地瓜、南瓜、西瓜、哈密瓜、胡瓜、冬瓜、絲瓜、苦瓜，瓜字輩的占據攤位的大半區域，花生、竹荀、山蘇、過貓、秋葵、茄子、玉米，菜色多的讓廚師心花怒放！我的夏季菜色經常是黃的金沙南瓜、白的花生豆腐和綠的過貓沙拉，再配上鄰居清晨剛從竹林挖來的竹荀排骨湯或是枸杞絲瓜湯，擺盤上桌，色澤淡雅、滋味清爽。

秋天的菜攤比較冷清，但是總不缺地瓜葉、菠菜、莧菜、菜豆、皇宮菜、芋頭，時有綠金針、佛手瓜、山藥，到了十月筊白筍產季，攤位上的筊白筍供不應求，我的菜單也多了筊白筍燉肉、筊白筍沙拉、筊白筍炒蛋、筊白筍香菇雞湯，天天吃也不嫌膩。

冬季則是百菜齊出，十字花科的大白菜、小白菜、高麗菜、蘿蔔、花椰菜、青江菜、芥菜等最是大宗，還有茼苣、蘿蔓、豌豆、珠蔥、豆苗，多的讓人眼花撩亂，此時也是做醃菜的最佳時機，常可見到醃蘿蔔、泡菜、酸菜、梅干菜、雪裡紅這類客家小菜，也因此客家料理就經常出現在食堂的菜色中。

除了新鮮的蔬菜水果，手工作的蘿蔔糕、芋粿、碗粿、草仔粿、剝皮辣椒、鹹冬瓜，都是附近婆婆媽媽的好手藝，若是到了農曆節慶，攤位上也會出現應景食物，冬至到了有湯圓、元宵節少不了元宵，端午節有鹹粽、鹼粽、粿粽一一出爐，沒有早點吩咐預留是買不到的；到了中秋節前一天，造型精美、真材實料的月餅，三個一百元，擺上去沒多久就搶購一空，想要再訂也沒有，因為製作的太太說她沒時間。

菜攤上不時還有小驚喜，山上剛摘下來的新鮮香菇、海邊剛釣起的白帶魚、河邊剛捕到的吳郭魚，活跳跳的一袋數十元，我愛吃的酪梨有次竟然出現在菜攤上，原來是某位鄰居家種了十幾年的酪梨結果纍纍吃不完，所以一袋六顆一百元便宜賣，我立刻笑呵呵的提了兩袋回家痛快吃。

阿嬤菜攤不僅是買菜地方，也是婆婆媽媽聊八卦、交換情報的消息站，老闆的記性好又有人情味，需要什麼請她幫忙留著通常不會忘記，有時候我都忘了，還特地送來給我，是服務周到的好厝邊。

社區的小菜攤不只是賣菜，也是在地物產與居民生活樣貌的縮影，好糧食堂雖說是無菜單料理餐廳，但其實菜單就寫在方圓數里的田地上，也寫在阿嬤的菜攤上。

不用客氣，搶魚趣

南澳靠山面海，還有南澳北溪、南溪幾條無汙染的河川流貫各個村落，遼闊大器的自然環境在台灣自成風格。選擇定居此地除了好山好水的環境，朝陽漁港也是當初讓我心動的決定因素，想著除了可以種稻種菜自給自足，還有新鮮的魚可吃，這樣的美樂地怎不令人心動？

還沒搬來前，聽聞定置漁場每天收的魚獲在漁港卸貨時，民眾買魚要用搶的，心想為何需要用搶的呢？是一盤一盤擺著讓大家搶購？還是像魚市場一樣由魚販比手勢喊價呢？

第一次到漁港買魚，完全是狀況外，看著漁船滿載魚獲進港，民眾蜂擁擠在卸貨處時，這才瞭解所謂的搶魚真的是「搶」的。船剛靠岸，起重機將一簍簍的魚吊上岸，還沒著地，民眾就擠成一團伸手往桶子裡撈，只聽到漁工吆喝著閃開點，兩三個人拖著桶子往地上倒，接著就只看到眾多屁股擠在魚堆上搶魚，不到一分鐘，大家拿著自己搶到的魚各自散開到結帳區排隊付錢，只剩下零星幾尾在地上躺著，我拾起不知名的幾條魚也跟著大家排隊，老闆說五十元時嚇一跳，怎麼這麼便宜？旁邊的阿伯說：這是炸彈魚，不好吃啦！

回去切塊煮魚湯，果然腥味十足，大夥嚐了一下就不願再吃，倒是我這位不怕腥的貓舌頭，切了蒜頭沾醬油，一塊塊的吞下肚了。

爾後成為南澳居民，到漁港買魚成了日常生活，每周總有兩、三天要進行買魚三部曲。首先是等漁船進港，一天兩班，早上七點左右、下午三點半左右，時間不定，端看海象風浪、魚獲多少，有時一等一個小時，這段時間是居民聊天交流、打探最近魚獲種類的時間，我經常爬上堤防在海灣散步看風景，這座漁港是台灣最後興建的漁港，港灣裡僅零星停了幾艘小船，平時除了定置魚場的漁船之外，並沒有其他漁港熱鬧的漁船進出港景象，也沒有腥臭的味道和雜亂的景觀，二〇一三年還被票選為當年度台灣地區十大經典魅力漁港，是釣魚、散步的好去處。

漁港座落在朝陽社區旁，緊臨南澳溪出海口，北邊是烏石鼻海岸

BOY

自然保留區，南方是觀音海岸自然保護區，太平洋的黑潮帶來豐富的漁業資源，從蘇澳到和平沿海就有不少定置漁場。朝陽漁港的幾處漁場，每天早晚出去收網，在魚群數量高峰期，中午甚至再出海加收一次，捕來的漁獲卸貨時先讓民眾購買，剩下的就由貨車直接送往中盤市場。

除了颱風季（約從六月底到十月初），漁船每天大約早上七點，以及下午四點會進港卸貨，大約這個時候，民眾紛紛趕到港邊先等著，因為潮流及漁獲量的多寡，進港時間不確定，有時一等一、二個鐘頭，有時提早回來讓人撲個空，所以民眾寧願提早來，和朋友聊聊天、看看風景，等

待漁船入港來。

一開始加入買魚的行列，常常是看得到搶不到，經過多次臨場練習，漸漸學會搶魚技巧，工欲善其事，必先利其器，要穿長褲、戴手套、穿雨鞋，才能在激烈的搶魚過程中不至於被推倒受傷，看準要買的魚種時，要眼明手快，從尾部一拖立刻放入籃子內，絕不能三心二意，勝負就在一瞬間，此時無需在意姿態粗魯，也不用顧及朋友情誼，誰先搶到就是誰的，若想要分享，等算帳的時候再禮讓就好，若下手遲疑，就只能撿剩下的，太小、太大、多刺的，或是很貴的魚。採到地雷的經驗，讓我知道哪種魚好吃，哪種魚多刺，哪種魚的價格高，也漸漸學會不同的烹調方式，鰹魚屬的（煙仔虎、正煙、花煙等）要選大隻、肚身肥厚的油脂多，適合做生魚片或乾煎，但因是紅肉魚，腥味重，冰過再退冰就不好吃。鯖魚可以乾煎或做茄汁鯖魚，飛魚和竹筴魚最適合做一夜干，馬加魚肉質細嫩，蒸煮炒煎都美味，我最愛做的一道料理便是用馬告煎馬加魚，也是好糧的人氣主餐。

買魚的趣事一籮筐，也吸引不少外地人專程來買魚，甚至長期紮營，天天報到，平時漁港冷冷清清，一到買魚時間熱鬧非凡，尤其是漁船進港時，現場數得出來的人數忽然暴增數倍，好似剛剛從車子裡、草叢中、海裡面冒了出來，大家摩拳擦掌，等待大顯身手，有時為了搶魚還會出現小紛爭，我也常常被推倒在地，上演提籃倒地，對空長嘆的劇碼，有次還發生了〈魚兒不見了〉的荒謬劇情。

話說搶到的魚要放在船東提供的籃子裡，等著排隊結帳，那天我把籃子放在地上排隊，轉過身和旁邊認識的鄰居聊天，不一會兒發現後面的婦人往我的籃子丟了一些魚，再從我的籃子裡拿魚放入她的籃子，我問她在做什麼？她說，這兩籃是她和先生的，她正在整理歸類，我心想會不會是因為籃子被往前推了，於是往前查看卻都不是我剛剛搶到的魚，而且排在我前面的也都各有主人，我摸不著頭緒的大喊：我的魚呢？我的魚呢？

於是我回過頭再跟她理論，這位婦人仍堅持是她的，幾番爭執之後，我說算了，給妳吧，吵下去也沒用。事後我問老闆有多出一

簍沒人結帳的魚嗎？老闆說沒有，並且安慰我說以前也發生過這種事，妳氣度大不用放在心上啦！我只好苦笑著說：對啦～還好不是結完帳才不見的。

買魚的等待很費時，不過回來處理才更是費事、花力氣又耗神的工作。首先要依據形態決定如何處理，先去鱗取內臟、切塊包裝好，若是大魚則要費九牛二虎之力分身剁骨，一個早上就在魚的血肉中搏鬥，眼看著原本一隻隻完美的魚，就這樣支離分身，總覺得有些難過和抱歉，但是除非我成為素食者，不然在整個消費過程中，身為廚師能親自殺魚，瞭解魚的來源、種類、特性，更能以尊重和珍惜的態度對待食材，這是親自參與從產地到餐桌的神聖過程不是嗎？

一桌菜的故事

開餐廳首先要確定料理的類型；我擅長的是中式家常菜，考慮到要以南澳的米飯和當令食材為主，那麼選擇沒有固定菜色的無菜單料理才能更好表現四季食材特色，還可以多方學習不同的烹調方式，而宇芝對於甜點也有很多點子，因此，我們決定以米飯、在地食材和手作點心為主題的料理風格，以簡餐的方式開始經營。

確定料理風格，也就塑造了我們的生活風格；我以農夫和廚師的角色觀察在地風土作物，依據時令和食材思考菜單，又依據菜單種植作物。愛吃飯所以親手種稻，瞭解一粒種子到一碗米飯的生產過程，愛吃魚所以不嫌麻煩到漁港買魚、殺魚，認識魚的特性，喜歡樹豆強韌的生命力和飽滿的果莢，因此年年留種育苗，採摘剝豆，期待煮一鍋樹豆燉豬腳，也因為學習耕作，看著種子從土地冒出芽到開花結果的神奇過程，親自參與從產地到廚房，從廚房到餐桌的歷程，每一樣食材我都知道來源，每一道菜都是親自烹調的，我可以煮一桌菜，也可以說一桌菜的故事，故事裏不只有我，還有南澳的山與海、風與雨、人與土地的精彩故事。

這一周黑板上列出兩種主菜，樹豆燉豬腳和馬告煎魚，附餐有花生豆腐、脆瓜玉子燒、梅子醃蘿蔔、芥菜地瓜雞湯，還有好糧精選南澳生產的好吃米飯。

樹豆是我最愛說的故事，它原產於印度（也有一說是非洲），一年生到多年生的灌木，壽命約三至五年，植株一般約一至二公尺高，在全球食用豆類中，樹豆產量排名第六，生產面積第五，是開發中國家重要的植物蛋白質來源。樹豆很早就移民到台灣成為原住民的傳統主食之一，其營養價值高，勇士們出外狩獵吃樹豆燉肉來補充體力，產婦做月子期間也以樹豆湯來補充營養，被視為是男人的聖品，女人的補品。

上面是樹豆的官方說法，但我更想說的是我與樹豆的小情史；第一次邂逅這種作物是在冠宇的田裡，一人高的灌木開著滿樹的黃色小花，有些已經結了豆莢，撥開豌豆般大的豆莢，裏面一顆顆飽滿的豆子很像黃豆，過了一陣子跟他要了種子種在菜園的周邊，隔年長出一排樹牆煞是美麗，後來又陸續有朋友給紅色、黑

色、花色的種子，每年持續採種留種，收藏不同色系的樹豆，時節一到，就像是具有魔法的寶石，握一把在掌心，灑播入土便成一片樹林。

春天是採收的季節，從二月到四月豆莢慢慢成熟，每隔兩三天提著籃子一株株的巡視，搖搖枝幹若聽到噹噹的聲響就表示有果莢成熟，春天的田野有著清新的氣息，採收還伴著清脆的搖鈴聲，我的心情很春天也很浪漫。

採收回來需要剝開豆莢，挑選健康飽滿的豆子，這個時候最適合和幾個朋友圍坐在餐桌上一起挑豆聊天，有話題就閒扯，沒話說時靜靜的剝著豆也有療癒心靈的效果，一豆在手，似乎

魔力無窮，總讓人欲罷不能，一大袋豆莢，很快地就挑出一大碗豆子，最健壯的留著當種子，普通的則等著煮湯燉肉，長得抱歉的就連外殼一起回歸大地，化作春泥更護花。

另一道主菜通常是馬告煎魚，馬告是原住民稱山胡椒(makauy)的譯音，長得很像黑胡椒，有一回朋友給了我一小罐馬告，告訴我醃肉、煎魚、煮湯都很適合，我試著在煎魚的時候放了幾粒，咬下去時一股強烈的味道立即爆開，有點像檸檬，又像香茅，還有胡椒的辛辣味，配上一口焦香的魚肉，從口腔、眼睛到腦袋頓時冒出了驚嘆號，怎麼這麼美味呀！從此馬告煎魚便成了菜單上的第一主角。

山胡椒是原住民常用的香料，早期山區數量頗多，後來因為多生長在山邊陡坡，採收不易，常常整株砍伐回去再採種子，就這樣年年減少，價格也一路飆升，甚至出現假貨冒充，我就曾經上過當，在網路上買了一批過期的黑胡椒。目前已有人在中海拔復育種植，每年採收季時會跟花蓮的一位原住民購買新鮮的馬告，分裝放在冷凍庫，需要時取出一些放在玻璃罐，加入米酒和鹽浸泡一晚，使用時拍碎拿來醃魚，無論什麼種類的魚都很速配。

配菜的部分也不能馬虎；花生豆腐、脆瓜玉子燒、梅子醃蘿蔔都是在地食材的表現，也是頗花時間的手工菜。南澳靠近海的田地大部分是沙壤土，很適合種植花生、南瓜、哈密瓜這類作物。花生是產期較久又耐放的食材，自從學會做花生豆腐，它綿密的口感、潔白的顏色，可鹹可甜的吃法是餐桌上的最佳配角，這道菜是好友阿誠教我的，他是第一年來南澳就認識的朋友，當時剛退伍，想要利用一年的時間環島打工，藉此認識朋友也看看自己未來可以做什麼，南澳自然田是他的第二站，接著他周遊台灣，一年又一年，一圈又一圈，如今是一位手藝精巧的草編達人，我的牆上掛著一雙他的草鞋，介紹花生豆腐免不了説起這位充滿故事的好青年。

南瓜、西瓜、哈密瓜也是南澳的主要作物，一到夏天，田裡躺著一顆顆瓜果，長相好的留著採收，長得不討喜的，農家疏果時就拿來醃成醬瓜，放在阿嬤菜攤寄賣。用哈密瓜做的醃瓜顏色翠綠，口感爽脆，我把它切碎和蛋一起煎成玉子燒，蛋的軟香中有脆瓜的口感，是大人小孩都不挑嘴的一道菜。

至於蛋的來源讓我比較困擾，由於南澳沒有大型養雞場，商店賣的都是外地運過來的便宜雞蛋，我打聽宜蘭有友善養殖的雞場，但因訂量少，場方不願寄送。有一陣子知道苗栗有一戶果農養了很多放牧的雞鴨鵝，有蛋的時候願意寄給我，但產量也不穩定，所以只好託朋友在大型賣場選購有生產履歷的好蛋，或者在主婦聯盟共同購買的平台訂購，若偶爾看到阿嬤菜攤上有人放了一籃蛋，便如獲至寶的趕緊買回家，蛋的問題讓我考慮未來是否也來養雞。

青菜的部分最常變化，昆布燉蘿蔔、飛魚煮白菜、過貓沙拉、塔香茄子、百香果醃青木瓜、竹筍佐香椿醬、梅子醃番茄、糯米椒炒小魚，主要食材都是附近鄰居所種或採自自家菜園，最近種的朱秀蘿蔔，粉紅色的外皮，切開是漂亮的玫瑰紅，用自己醃的紫蘇梅和梅子醋製成醃蘿蔔，令人驚豔的色澤與爽脆口感，端上桌更是秀色可餐，讓人食指大動。

堂主我本身愛喝湯，湯品自然很重視，南澳椴木香菇排骨湯喝上一碗就知道椴木香菇的好，南瓜加上野生番茄一起打成泥，煮成濃湯人人愛，經過一年以上採收曬乾的仙草煮成雞湯，有緣的人才喝得到，自己種的山藥加上紅棗和排骨，白裡有紅，滋補又美味，到了芥菜產季，芥菜地瓜排骨湯的巧妙搭配總讓客人大為讚賞。

至於一碗熱騰騰的米飯是永遠不會缺席的角色，我會指著牆上倒掛的稻穗介紹每年種的米種和耕作方式，請客人好好珍惜這一碗得來不易的米飯，在我溫情感性的喊話中，大家都會乖乖的把飯吃完，即使吃不下也會要求打包帶回去，我覺得顧客最好的讚美是把飯菜吃光光，不只是因為食材新鮮好吃，還有對我經營理念的認同。

點心和飲料也很簡單，招牌米布丁是用煮好的米飯加牛奶熬煮，再淋上自己做的季節水果醬，芭蕉磅蛋糕是菜園裡吃不完的芭蕉熟成做的，還有紅寶石色的洛神花茶、像海一樣藍的蝶豆花茶，用鄰居產的蜜所做的桂花蜜茶，每一項食物都希望呈現在地的風味，雖然花時間，但當我把菜端上桌，無論有沒有時間說故事，我的心意，客人是知道的。

關於餐桌上的料理我有說不完的故事，還會持續在田裡種著更多的故事，也期待更多人來一起編寫故事，做出一道道好聽好看又好吃的愛的料理。

樹豆燉肉

材料：

樹豆一把、排骨一斤或豬腳一隻、薑片、鹽巴。

作法：

1.乾樹豆浸泡一晚，先用清水煮至摸起來有彈性，煮好的樹豆湯備用。排骨或豬腳用開水川燙去血水。

2.薑片爆香，放入肉品翻炒一下，可以加一點糖或醬油，不加也可以。

3.再將樹豆湯和豬肉加在一起，無論是用電鍋、壓力鍋或一般湯鍋，只要能煮至熟爛即可。

4.最後加鹽調味。

樹豆燉肉

米布丁

米布丁

材料：

煮好的米飯、鮮奶、糖

作法：

1.白米飯與牛奶以1:1.5的重量比例放入果汁機稍微打碎，保留一些米粒的狀態，不要打成米漿。

2.可以加一點煮熟的芋頭或地瓜一起煮，不加也可以。

3.用大同電鍋最合適，內鍋不要裝超過七分滿以防牛奶冒泡外溢，外鍋放至少一杯水煮至濃稠像麵糊。

4.趁熱加糖調至喜歡的甜度即可。

5.加一點果醬更美味。

食堂小劇場

家是生活的空間，也是創造故事的場域，我有兩個家，一處是社會定義的家，是滋養生命，形塑個性的窩巢，另一個家是創造生活樣貌的劇場，前者的成員固定、關係緊密，後者的角色多元複雜，戲份有多有少，我既像個導演，也是主角，更多時候是扮演某人的臨時演員，有時候劇場熱鬧有趣，更多時候，我喜歡一個人唱著獨角戲，享受沒有觀眾和掌聲的靜默舞台，後者這個家，是在南澳慢慢搭建而成的。

自從搬到南澳之後，人際關係也有了微妙的變化，原本互動密切的朋友，因為距離的關係，漸漸減少聯絡的次數，但對於某些原本不熟的朋友而言，這個有點遠又不太遠的地方，反倒吸引他們前來渡假小住，或是在轉換職場的空檔期的休息站。在同一個工作場合認識的嘉紋，在還是家徒四壁的時候就來幫我油漆破損的木門，往後的日子裡，插秧、割稻、除草、聚會，總少不了她的影子，我們年齡差距不小，但理念接近，情同姊妹，是無話不可說的忘年之交。

漢忠也是因工作認識的美術設計師，我搬來沒多久他也離職了，在下一個工作的轉換期，他來南澳long-stay一個月，我們一起參加在地的暑期工作營擔任義工，一起幫忙農友割稻、打穀，晚上躺在海邊看星星，那段日子我們都在開展新生活，有著對南澳共同的美好記憶。

新生活初期的一年半，空空的一樓常常是朋友聚餐聊天的場所，我有一張木桌和六張小椅，住在南澳的朋友們得輪番來吃飯，遠來的朋友也有人數限制，免得連坐的位置都沒有。有一段時間還充當南澳自然田打工換宿的女農宿舍，一樓鋪上榻榻米可以睡二十人，熱熱鬧鬧地像是背包客棧，直到宇芝從泰國回來也想加入我的半農半X生活，樓下的空間於是分享給她，在接下來的一年多，我們一起營造了新的章節故事—好糧食堂的開創。

食堂在二〇一三年的七月五日開張，那天邀請了許多朋友來參加開幕活動，我們沒有張燈結綵，也沒有人送來盆栽和鮮花，我用簡報投影回顧三個月整修過程的點滴，這一間原本牆面老舊斑駁

的空屋，現在是鮮亮的海藍與鵝黃色調，天花板上吊著用酒瓶做的吊燈，吧檯牆面上掛著散步撿來的舊窗框當菜單壁掛，五張原木桌椅放上去後空間顯得有點小，屋子裡沒得坐的就站在門口聊天，我和宇芝難得都穿上小洋裝，開心的慶祝人生第一次當老闆娘。

我們邀請幾位朋友秀一下才藝，以莉．高露和冠宇獻唱他們的拿手好歌，南澳社區發展協會的理事長和夫人表演薩克斯風和吉他，在南澳自然田打工的朋友拉小提琴，幾位年輕的小農夫組了一個樂團，敲著鍋碗盤盆唱著自創歌曲，熱戀中的宇芝帶著小抄唱〈I am yours.〉。我忘了自己唱什麼？應該是一百零一首的〈守著陽光守著你〉吧。

食堂的牆上掛了一把吉他、一把烏克麗麗，歡迎任何人取下來彈唱，冠宇和以莉是我們的台柱，當時創作的新專輯—「輕快的生活」，唱的是他們的故事，也是南澳生活的寫照。平日我們在同一塊田區耕作，晚上經常相邀到家裡吃飯聊天，冠宇有時興起，拿起烏克麗麗彈著即興創作的歌曲，大人、小孩隨著樂音搖擺跳舞，不用舞台和麥克風，大夥就玩得很開心，有樂聲的空間就有歡笑，他們兩位就像會魔法的吹笛人，帶給我們許多生活的美麗音符。

有一段時間我們經常辦活動，邀請音樂工作者來表演，請專家來談談關於農業、食物的想法，或是請身懷絕技的好友來分享有趣的手藝，健宏教我們用植物纖維編草繩、阿江哥示範如何用不織布袋子填裝枯枝腐葉和田土製作布袋菜園，發酵達人Lisa分享作醬鳳梨和酒釀的密技，阿誠環島打工學會做花生豆腐，邀請來食堂示範作法，從此這道菜就成了好糧的常備菜色。

我和宇芝是在台灣環境資訊協會工作時認識的同事，都是關心環境、重視食安的人，開店的理想是希望能傳遞健康環保的飲食觀念，透過說菜的過程和客人交流與互動，這樣的理念受到一些朋友的認同，曾經接待過許多團體用餐，像是童軍團、親子共學團、鄰近小學、社區大學、生態旅遊團等，為他們準備在地食

環島中
算命
交換故
来聊聊

材，講解做菜的理念，分享農耕生活的點滴，此時食堂是開心吃飯的食農教育場所，我們用飲食來充實生活，也用飲食來表達我們愛護環境的心意。

宇芝在開店一年後決定和先生搬回加拿大，食堂就由我一個人獨撐局面，剛開始還真不知能否繼續下去，於是嘗試以打工換宿的方式招募小幫手，接待來自各方的大小朋友與我一起工作和生活，他們以陌生人之姿拉開白色木門，短暫與我共同工作與生活，體驗一段不一樣的人生，我們分享彼此的生活經驗和想法，投緣的成為好友，不投機的也能以禮待之，互道再會。

餐桌也是人生奇妙緣分聚合的地方。前陣子，有組一家三口的客人來吃飯，一進門直覺面熟，笑笑的問我可還記得他？腦中忽然閃過，那不是多年前在紐西蘭Nelson認識的子煜？我驚呼當然記得，他是十一年前在紐西蘭旅行時投宿青年旅舍遇到兩位從台灣來打工度假的年輕人之一，他鄉遇同鄉，非常投緣，常常坐在餐桌旁聊著旅行遇到的種種趣事，還記得有一天晚上我做了炒米粉給他們吃，用濃濃的家鄉味撫慰彼此的鄉愁，離開的前一天和子煜約去Able Tasman track健行，先搭水上計程車在某一個海灣下船，再走一段沿海的步道，路途中經過一間供登山客住宿的小屋—咆哮山屋(Bark Bay Hut)，它座落在一片樹林中，前面就是沙灘，風景非常優美，心想一定要回來這裡住個幾天。當日健行的回程時間有點耽擱，遠看約好時間的水上計程車已經等候多時，兩人在沙灘上狂奔著一邊向司機揮手，深怕趕不上小艇。

重回山屋的願望在九年後才實現，這一次是和好友嘉紋一起旅行，咆哮山屋依然安靜的佇立在海灣邊，我坐在屋前的木桌吃著簡單的午餐，想起之前也曾坐在這裡休息，怎麼歲月就忽然過了好幾個秋。

我和子煜開心聊著這段刺激的往事仍覺得歷歷在目，實在太過興奮以致忘了合照留念，他說沒關係，很快再來。沒多久，他又帶著朋友和家人前來，那天剛好嘉紋也在，我們坐在同一張桌子聊起同一地點、不同時間的旅程，共同擁有的是對那間小屋、那張桌子的記憶，以及難得在此相會的因緣。

小小的食堂，不只是提供餐食的餐廳，也是各方朋友聚會的客廳，是陌生人的臨時驛站，也是我生活理念的展演場，但更多時候我習慣把門關上，成為自己獨處的〈家〉，聽音樂、做家事、煮咖啡、做手工皂，坐在三號大桌上看書、寫字，享受一個人做菜吃飯的樂趣，這個空間隨著我的心意，可以是熱鬧溫馨，也可以安靜自在，但從未感到孤單寂寞，因為家是安頓身心的地方，是能量聚集的空間，我在這個有限的小空間裡，享受著無限可能的生活樣貌，儘管房子是租的，但此刻的擁有就是生命真實的存在，我得謝謝所有踏入這個舞台的朋友，以及從未謀面的房東。

沒有不好，只有更好的小幫手

你可曾想過到鄉下種田當農夫、在民宿整理房務認識來自各方的旅人、到小島學習潛水或衝浪、或是在餐廳端盤子當服務人員？或許這些工作你都沒有經驗，也沒有太多存款和多餘時間可以拋開學業或工作去實現。不過，如果你對人生有很多好奇，願意離開舒適圈，那麼打工換宿會是體驗不同人生的最佳管道。

當初動了來南澳生活的念頭，好幾次利用假日來南澳自然田打工換宿體驗農夫生活，認識在地朋友，當作移居生活的切入點，在此認識同是來打工換宿的大小朋友，單是聽他們述說生活經歷和換宿的原因，就是一篇篇精彩故事；每當工作結束，大夥圍坐在餐桌吃工人餐，無論什麼菜色、什麼故事，總是吃得津津有味，聽得嘖嘖稱奇，那裡是失意者的打氣站，也是夢想的起始點。

移居南澳之後，朋友陸陸續續來拜訪小住，跟著我下田揮汗、海邊放空，吃喝玩樂沒有時間限定。開店之初，我和宇芝的朋友輪番來幫忙，人力倒也充裕，工作游刃有餘。但一年多後，宇芝結婚離開南澳，食堂和農務頓時失去支柱，即使三頭六臂也應付不

來，於是對外招募打工換宿小幫手，接納來自不同地方，各個年齡層的朋友與我一起工作、吃飯、玩樂，從此我的生活也因為他們的參與而更為豐富有趣，彼此學習與成長，無論緣份深淺，也都盡力為彼此留下美好的印象，期待他日再相逢。

在台北西餐廳擔任廚師的駿惟，剛結束一段感情，辭職後想以騎單車環島的方式來慶祝自己三十歲的下一階段人生；我記得他曾在臉書上詢問非假日一人可否來用餐？雖然沒答應，但當他啟動環島旅行計畫，我這裡就成了他的第一站。

會煮菜也喜歡攝影的他，和我一拍即

合，廚房的工作不必多說一點就通，就連下田除草、菜園採樹豆，也都能樂在其中。這段期間我們互相學習，相處愉快，他原本預計只停留一個星期，卻被南澳美麗的山水挽留，於是又多延長了一周，直到離開那天，他在單車布包綁著自己做的〈緩島履行〉紅布條，灑脫的往下一站離去。之後，他在花蓮、台東、蘭嶼、墾丁繼續他的人生冒險，常看到他令人艷羨的潛水照片，像是美人魚般優游在藍色海洋中，最近收到他的明信片，目前落腳綠島一處景色如畫的海邊，打造他夢想的餐廳，此時距離他來南澳已過四年，這個勇敢踏出旅程的男孩應該已履行了他的夢想吧！

良憙也是在轉換工作的空檔期前來的，年紀比我小，但女兒已經大學畢業。她的工作一直和社會服務有關，前一個工作在玩具圖書館協會工作，現在是木匠的家公益二手店門市店長，是個笑聲爽朗、散播歡樂散播愛的女性。

也許個性使然，良憙初次來時便和我十分投緣，也說好有時間會常來，等再度來訪時她提起有親戚住在南澳，想到南澳村子問問看，我幫著打聽，沒想到很快地就找到堂弟、堂妹—原來她的母親也出身泰雅族，大阿姨嫁來南澳，因此小時候常來宜蘭玩，幾年前還曾來吃喜酒，這個不經意的念頭，讓她和南澳有了更深的連結，爾後也常回來南澳走走，好糧食堂是她鏈結家族記憶的據點，我也視她為隨時可踏進門的好友。

把人生第一次打工換宿經驗獻給我的人不少，但把這裡當作大學畢業旅行據點的可就只有孝言這位才女了。剛從臺北藝術大學動畫學系畢業的她，大一參加活動曾來南澳，當時路過好糧食堂時匆匆一瞥，心想有機會要來這裡打工換宿，直到畢業之際，同學

們選擇結伴旅行慶祝，她則是來我這裡洗碗掃地、切菜端盤、彩繪牆壁、買魚殺魚，玩得不亦樂乎。

說她是才女，除了很會畫畫這項本事之外，她對食材與料理的觀察細膩，作品有別於靜態的寫實呈現，擅於對料理過程的動態描述，更難得的是味覺敏銳、在食材的搭配上亦有優異的品鑑能力，只見她翻翻冰箱，隨意的組合總能讓人驚奇，連我也甘拜下風，是個天生的饕客，也是位對飲食充滿熱情但不隨便的年輕人。

至於換工時間最久、回鍋次數最多的當屬昱叡。他原本是朋友咖啡館的新進員工，還沒正式上班就被派來南澳協助我種稻，從四月的除草到八月的收割，以打工換宿的模式跟我生活了將近五個月，等到工作任務結束，他決定不去咖啡館上班，反倒成了最常來我這裡的小幫手，心思細膩的他，走的不是上班打卡的常規路線，打工之餘擔任海洋保護的志工，關心社會議題，喜歡真誠質樸的事物，還自學手工編織，現在已經是可以擺攤賣作品的編織達人了。

這幾年來接待過百餘位朋友，有學生安排寒暑假來體驗生活、上班族利用休假來放空療癒身心、好友偕伴一起探索人生、也有夫妻為了往後人生提早來感受不一樣的生活方式、還有大學生來過之後推薦母親前來；這些原本不相識的陌生人拉著行李開啟了食堂那扇白色木門，走進我的生活劇場，扮演農夫、跑堂、談心者等各種角色，短暫的朝夕相處，彼此述說自己的經歷，交換生活的感想，創造出一段段難得的緣份，然後再拉起行李從屋子邊的小巷子離開。

我帶著感謝的心情與他們道別，覺得自己很幸福—對我而言，來到好糧食堂的每位小幫手都很棒，只要心懷善意，沒有不好，只有更好，難得有緣份可以認識這麼多可愛的朋友，不知他們是否獲得了原先的期待？

我在屋內等著，期待他們再次開啟那扇木門。

周休五日行不行

我最常被問到的兩個問題是：你的店只開周六、日，其他時間在做什麼？

接著就問：一周工作兩天可以維持生活嗎？

第一個問題很好回答：忙著種菜、耕田，做一些我喜歡的事。

第二個問題也很簡單：可以，沒有餓肚子，小犬多多還是養的肥肥的。

第一個問題其實不重要，大家好奇的是：一家這麼小的店，生意也不是天天都好，如何能支撐一間店的開銷和個人生活？是不是存了很多錢？或者還有其他收入？

先說為什麼食堂每周只開兩天，這是在理想與現實衝撞權衡下做的決定；當初來南澳想過的是可以自由掌控時間的半農半X生活，開店做生意要全天候的準備、接待和收拾，既要務農又要開店豈不是兩頭燒？更現實的是，我們經營的客群主要是遊客，非假日的客人寥寥無幾，也曾嘗試加開週五，但效益不高，與其空守店裡，不如下田工作才不會浪費時間。

是這樣嗎？只是這樣付出時間與金錢收入的簡單計算嗎？慢慢的，我發現自己是用信念在創造生活型態，又用生活型態在實現內在的想望。

年輕的時候跟大家一樣，認真工作、以辦公室為家，從工作的成果中獲得成就感。我的工作環境很棒，與自己熱愛的攝影為伍，常常有機會接觸大自然，上山下海，用鏡頭觀看各種自然生態，甚至在齊柏林還沒拍攝看見台灣時，就曾搭乘直升機鳥瞰台灣五大山脈的壯麗山水；我用熱情燃燒生命，直到覺得喘不過氣來，那是中年迷惘的徵兆，內在的我告訴自己需要離開，離開工作、離開家庭、離開朋友，離開習慣的生活空間和型態，去發現另一個可能的自己。

出國待了兩年又回到台北，換了工作還是覺得無法適應喧囂的都會生活，想要自由快樂的信念引領我來南澳——既如此，那就必須

用全新的心態去面對工作和生活。工作不只是為了賺錢，工作不能影響生活品質，工作是豐富生活的方式之一，這些都成了我看待工作與生活的信念與態度。

食堂雖然每週只營業兩天，但其他日子我都在為開店準備；有時候朋友看我忙得很，總會問到底在忙什麼？是整天都在田裡工作嗎？我歪著腦袋想想這一天到底做了些什麼？直到某次仔細記下一天的行程，才發現應該拍個紀錄片才對。

那是個春天的星期五，六點半起床，還沒吃早餐，趕忙穿著工作褲和雨鞋，帶著塑膠手套，提著籃子，騎著機車載著多多飛快趕到漁港買魚，漁船還沒回來，通常還要等一陣子，我爬上堤防的另一邊到沙灘上散步，這也是多多早晨的放風時間。我沿著沙灘不經意的尋找合意的石頭，有一陣子愛畫石頭，習慣性的搜尋看有沒有中意的，順手就放了一顆在口袋，改天來畫隻青蛙。多多自顧自的玩耍，玩膩了就坐在高高的堤防上注視著四周動靜。

漁船七點十五分才來，經過一番爭奪，搶到兩隻馬加魚、五條鯖魚和六尾尖梭，一共花了一千四百元。我先把魚放到店裡的水槽，然後到阿嬤菜攤看看今天有什麼菜色；明天想要煮昆布燉蘿蔔，白蘿蔔菜園裡還有，紅蘿蔔還小，選了幾包甜豆、花椰菜和四季豆來搭配，還買了一些五花肉和排骨，攤位上還有蘿蔔糕，正好可以當早餐。

魚買回來要趕快處理，穿上圍裙，打開手機的Youtube，選了蔣勳的孤獨六講之孤獨快樂，一邊聽一邊殺魚。這幾年已經練就一身殺魚的功夫，馬加魚要先放血，魚身輪切，頭尾留著自己吃，明天的主餐是馬告煎馬加魚。鯖魚要兩邊片肉，撒上薄鹽醃著。尖梭去頭去尾，整條包好。我把處理好的魚先用裝米的塑膠袋包好，再用報紙包著，寫上魚名和數量，這樣可以防止冰箱有魚腥味，又方便取用，用過的塑膠袋洗淨再放回冷凍庫，可以重複多次使用。

處理魚很費事，忙完就接近中午，把剛剛的馬加魚頭煎一煎，加

上米粉煮成湯，炒一盤紅麴芥菜，這是我的午餐。吃飽飯出去走動一下，騎著車到朋友的田裡採向日葵；這個季節農民撒的綠肥都開花了，除了向日葵還有波斯菊，田埂邊也有青葙和紫花霍香薊，附近繞一圈，食堂要用的插花都有了。

趁天氣不錯，菜園的雜草也得除一下；今天時間不多，目標是清理紅蘿蔔的菜畦，前陣子下了很長一段時間的雨，發芽率很低，還得再補一些種子，菜園裡的作物也得採收，有茄子、芥菜、蘿蔔、翼豆、茴香和茼蒿，工作結束提著菜回去，時間已經是五點半。

回到店裡開始清理蔬菜，準備明天的食材，製作米布丁、花生豆腐、醃蘿蔔、醃紅糟肉、準備飲料，清洗廚具，收拾客廳，就這樣忙到十點半，梳洗之後累得躺下去就睡著了。

這就是我的生活日常，視天氣狀況而彈性調整，每一項工作可多可少、時間可長可短，可以很忙也可以很悠閒，與其說是樂在工作，不如說是忙於生活、樂於生活。

那麼五天的忙碌是否對假日營業的收入有幫助？若用金錢來衡量肯定是不符效益，種田、種菜所花的時間和物資成本遠遠超過直接花錢買食材，但這些成果是附加在我個人的價值和食堂的形象上，我不需要賺很多錢就可以維持良好的生活品質，食堂不需要花錢宣傳也可以獲得口碑與支持，收入時多時少，但仍能維持基本開銷，甚至小有結餘，再加上寫寫文章、偶爾舉辦活動，都有額外的收入，我的生活不曾感到拮据。

從另一個角度來看，因為只營業兩天，讓我在有限的時間內全力以赴，無論生意好或不好，都能以充沛的精神迎接進門而來的客人，和他們聊聊天，說說菜，提供他們親切溫暖的服務，也能把自己的理念傳達給有心人，這些無法量化的效益，都是我選擇這樣生活的成果。

大部分工作都約制了一個人一生的生活型態，我的內在很清楚自己對自由與遼闊的渴望，不是每個人都適合這樣的生活方式，但若你內心也像我這樣渴望著，請嘗試做做看，別問我行不行。

一期一會品米會

二〇一三年起我開始學習種稻，從二月育苗、四月插秧、五、六月田間管理，到八月初收割，全程以自然農法的方式手工栽種，當人生第一批自己種的稻子碾成白米、烹煮過後真是驚為天『米』—原來新鮮的米飯這麼美味！飽含水分、香氣迷人，口感Q甜，朋友品嚐後也都讚賞有加。當時附近一些新農夫各自種了不同品種的稻子，我特地邀請他們在好糧食堂舉辦農友分享會，將米用碗公裝盛，標示種植者與品種，請大家介紹各自米種的特色，分享種稻的心得，另外再煮一些飯，大夥純吃飯、品風味。

我種的是桃園3號香米、阿聰和冠宇是台農22號香米、張興仁牧師帶領的稻米有機班種的是高雄145號、假日農夫哲偉和秉芳的是花蓮21號，南澳自然田的是台中秈稻10號。

這些米種各有特色，比如桃園3號有濃濃的芋頭香，軟硬適中帶點甜味；台農22號香米則有淡淡的茉莉香，雖然是在來米品種，吃起來卻有蓬萊米的口感；高雄145口感佳，冷卻後仍然好吃，適合做壽司；花蓮21號軟而不黏，煮糙米飯最適合。

至於台中秈稻10號是宜蘭許多農友選種的米種，雖然是秈稻，卻沒有乾硬的口感，吃起來Q軟香甜，尤其煮成糙米飯更是風味絕佳，原本不太喜歡糙米的我，當吃到台中秈稻10號的糙米後大為改觀，更從此愛上它，日後便成為食堂最常用的米種。

第一次品米會以極簡的方式呈現南澳友善耕作成果，在交流過程中學習觀察米種特徵、米飯特色，以及南澳在地氣候與水資源的諸多問題，更提升了對米飯的鑑賞能力。

隔年再次舉辦品米會，央請以莉和冠宇唱歌助陣；這次多了幾位新農友，米飯配上簡單的小菜，聊天、聚會、分享種稻的甘與苦，小小食堂常是農友吃飯聊天的空間，也是交換情報，互相支援的場所。

接下來幾年，總有一些新加入和離開的農友，品米會也進階到各自準備一道米食料理，有飛魚炒飯、桂圓紅豆紫米粥、米布丁、爆米香、自然農法米酒⋯等等，餐桌上的菜餚越來越豐富，活動

好糧食堂
桃園3號秈
仕聰

場地也從食堂搬到菜園或海邊舉辦，如今的品米會已成為我在南澳生活的年度盛事。

二〇一七年，應邀參加宜蘭縣文化局的村落美學活動，我想將品米會的地點設在收割後的田區，並規劃與這塊田區有關的活動。由於稻田八月初才收割完畢，三周後稻株又長出了新苗，因稻株的粗莖不利行走，為了整理出活動空間，背著割草機割草時我突發奇想：這麼美的稻株，不妨保留一塊區域讓大家見識稻子收割後的狀態，於是隨意擺動割草機，以不規則狀的割草方式保留若干稻株，自己在田裏玩的不亦樂乎，小幫手則幫我把割下來的稻草集中一堆。脫穀後的稻草綁成稻束，倒吊在竹架上，完成後朋友用空拍機俯瞰拍攝，只見原本綠色塊狀的田區，呈現宛如小鳥在田中啄食的圖案，我對自己的傑作深感得意，稻田的美學是可以創造的。

在稻田裏不只可以吃飯聊天，也可以是個遊戲場。收割下來的稻桿一點也不浪費，可以農用當菜畦的覆蓋物、可以編製草蓆、生活用

品，那天特別邀請了草編達人阿誠和業餘花藝師曉雯來教大家稻草DIY。

阿誠示範製作稻草掃把，大家圍坐在草地上，看著他一腳踩著稻束，一手靈活的用針和麻繩，俐落的將一把凌亂的稻草做成一支實用的小掃把。曉雯和她的好友則在事前就到附近的田區採集蔓藤和野花野草，再使用稻稈將各種素材組合編織成一個美麗的花圈，在場的男女老少都將作品戴在頭上，開心地當個花仙子。

此外也照例邀請南澳自然田和阿聰自然田這兩組戰友，請他們展示自家的農產品並烹煮一道拿手米食。阿江煮了糙米鹹粥和薑黃飯、阿聰提供自家

的甘蔗汁，我則是準備最受歡迎的野菜飯糰、米布丁、稻桿茶讓大家品嘗，曬過的稻稈煮茶風味絕佳，大家喝了讚不絕口，稻子真是全株都好用的神聖作物呀！

田區的角落挖了一處營火坑，將前天從海邊撿來的漂流木和稻草沿著坑口圍成放射狀，傍晚時分，我們點燃營火，像是一顆閃耀的小太陽，朋友品逸和柏廷帶來手鼓和吉他為大家演奏，一群人隨著鼓聲和樂聲繞著營火手舞足蹈，陶醉在稻香與火焰迷離的夏夜中。

隔年，品米會設在離食堂不到一百公尺的好糧菜園舉辦，除了米食品嚐之外，也想透過活動讓朋友了解從產地到餐桌的意義。我先導覽介紹菜園裏生物多樣性的種植理念，請參加者打開五覺（聽覺、視覺、嗅覺、味覺、觸覺），聞聞刺蔥、香椿、紫蘇的氣味，摸摸秋葵的絨毛、仙草葉的質感，採一片天竺葵聞聞它的香氣，嚼一嚼洛神葉子的酸味，並示範及解說雜草管理的想法，以及我在這處非典型花菜園的日常工作。

下午茶點心的主角依然是米食料理，請到在台中已闖出名號的〈塾塾胃飯糰〉團主學隆，之前是我的農友兼小幫手，這次特別請他帶來陶鍋煮飯，現場示範三角飯糰的包法；內餡準備有手工味增炒刺蔥肉末、南澳椴木香菇醬煮金針菇、韭菜蘿蔔乾炒土雞蛋，米飯是最近才收割碾米的越光米，再搭配芋頭米布丁、洛神花茶和蝶豆花茶。我指著菜園裏的蔬菜香草，告訴大家餐桌上的食材大多來自腳下這塊土地，餐桌就在產地上，自耕自食又能和大家分享就是我的理想。

為了讓與會者體會田間的繁雜工作，我設計好玩的農事體驗活動，每個人用抽籤的方式執行一項工作，有人抽到「花架邊的洛神開花結果了，請帶著布手套，挑選大果萼的摘下，放在桶子裡交到禮物區。並數數看一支枝條長了多少個花苞？」，有人的任務是「拿著小剪刀，將九層塔跟羅勒的花剪掉，阻止他們老化，並剪下五枝帶花和葉的枝條放在餐桌上的花瓶裡」，也有人要分工合作種菜─「請戴布手套，拿著鏟子和玉米的種子到仙草旁的菜畦上，左右兩排，每一排隔十五公分挖一個五公分深的洞，放兩顆玉米種子，再將土覆蓋上去」，其中有位爸爸抽到「請為參加者留下今日美麗的身影，你是今天活動的攝影師喔！」，他認真的穿梭在菜園裡幫大家拍照，他的兩位小女兒則是最佳模特兒。

這些工作都是我平日在田裡的例行庶務，原本擔心半小時的工作大家會喊累，結果每個人在自己負責的菜畦上都不怕弄髒衣褲，非常認真而且有效率的達成任務，我想，這樣的活動不只是吃飽喝足、滿載而歸的喜悅，留在指縫裏的除了泥土，應該還有對土地的深刻記憶吧！

微微亮著光的綠食堂

朋友張志聰在臉書上寫著：「結束了與家人一起打拼的餐廳，結束了一段伴隨近二十年的蔬食理想，決定帶著小朋友自學、去認識腳下這座美麗的海島……」。心頭一陣惋惜，又一間綠食堂熄燈。

距離上次去嘉義鼠麴草蔬食餐廳拜訪他們已過了一年，仍記得自己點了四季炊飯定食，先上來的沙拉，幾樣水果蔬菜色彩豐富，醬汁清爽，正是我喜歡的前菜，主餐有蔬菜炊飯、醬煮冬瓜、涼拌青菜和南瓜堅果濃湯—每道菜都能吃出食材的原味鮮美，這裏從菜單到餐廳的一切，皆可看出主人的藝術天分和溫暖的個性，是我心目中優質且CP值很高的綠食堂。

二〇一三年，我和夥伴宇芝憑著對友善環境、在地飲食的熱情開設好糧食堂，兩隻菜鳥忐忑上菜，生意時好時壞，雖然經過一年多的摸索，對於農耕的方式、在地食材的來源以及餐廳經營的方法有了基本瞭解，但我深知想要成為一間友善環境的綠食堂，還有很多不足之處，於是展開為期兩週的環島旅行，探訪各地理念相近的餐廳，想要瞭解他們的經營模式與現況，希望能描繪出台灣的綠食堂地圖，點亮彼此的光點。

第一站拜訪的是東華大學的綠色實驗餐廳，由宋秉明教授規劃主持，親自帶領學生共同經營的校園餐廳。被學生封為B咖教授的宋老師，總是活力充沛的穿梭在研究室、餐廳和農田之間，他對這樣的外號一點也不以為意，笑笑的說這樣很好呀！這是學生對他的暱稱，而B咖指的是善於行銷B級農產品；在他眼中，只要是有機都是好貨，餐廳收購賣相較差的產品，經過處理仍是一道道健康菜餚，並且透過「校園綠色廚房」通識課程，讓學生在參與食材製作的過程中，對食物的利用有多元的認識。

宋教授以食農教育為軸心，串連在地生產者與消費者，推動社區支持型農業，以實驗的精神進行一場高規格的飲食革命。相較於國際對「綠色餐廳」（green restaurant）一詞的定義：是一種對環境友善，並以有效利用能源的概念建造、設計、營運並處理廢棄物的餐廳（一九九四年由Lorenzini所提出）。我和宋教授認為具在地性、個人特色的小餐廳更適合在台灣點狀的發展，於是簡易提出幾項標的作為觀察準則—以在地及當令食材為原則、選用有機或友善耕作的食材、支持小農產品、呈現食物原有的風味、不使用一次性的器皿、舒適乾淨的用餐環境，並以綠食堂區分現今所稱的綠色餐廳。

第一趟的環島，拜訪了二十幾間餐廳，從一人私廚到小有規模的有機農場附設餐廳，帶著觀摩學習的心態，品嚐各家的綠色佳餚，結識許多志同道合的朋友，與他們對話交流，了解其理念與經營上的現況。這些餐廳在美味之餘也兼顧消費者的健康，扮演著為消費者把關的角色，同時關照環境的永續利用，端上桌的不只是食物，還有許多土地與人的精采故事。

依據當時的觀察，發現有幾種類型的經營模式：小型的特色餐廳，如嘉義鼠麴草蔬食、南投河堤慢食、台中禾豐田食、台北的狐狸野餐、台南的穀粒蔬食，高雄市區的YaYa綠廚房⋯等，這些經營者都是挑剔的食材把關者，無論空間佈置、菜單設計、經營

模式，都有獨特的店家風格，而且通常不只賣料理，還兼賣友善農產品，提供一個小而美的好物分享平台。

另一種是社區的生活小舖，兼具飲食、小農產品販售與活動交流等多功能，例如宜蘭冬山鄉的友善生活小舖，鄰近宜蘭華德福實驗學校，那裏有一群關心子女身心靈美學教育的老師與家長。這類型的小舖容易獲得在地居民的認同，空間運用也很多元，讀書會、音樂會、烹飪課、手作坊，透過飲食交流營造社區的生活美學。

還有一種不但具有上述功能，還有強烈的教育理念與社會關懷的使命；東華大學綠色實驗餐廳是以學校為基地

的食農教育場所，屏東的彩虹餐廳更以國際對綠色餐廳的高規格標準，從建築體、能源、食材到廢棄物都為台灣的綠食空間做實體的示範，台東的聖母醫院健康廚房則是以關心病人為出發點，經營有機農場、餐廳，聘僱在地居民，和政府合作送餐給弱勢家庭。這趟旅行讓我看到飲食不僅只有產地到餐桌的面向，還可擴大到教育、環境、能源、社會等更多層面。這幾年陸續拜訪各地的綠食堂，發現更多不同類型的餐飲空間在各地發光發熱，可惜的是，每一年總有幾間綠食堂結束營業，像是最早在校園推動食農教育的東華大學綠色實驗餐廳、最符合國際綠色餐廳標準的彩虹餐廳、充滿熱情，對食材極為挑剔的

YaYa綠廚房、包心菜實驗廚房、髫丘蔬食⋯⋯等。

慶幸的是，這些朋友並沒有結束對友善飲食的推動－宋老師所寫的「校園綠色廚房：從友善環境農田到健康餐桌的學習途徑」一書，為食農教育著書立論；彩虹餐廳以更彈性的方式讓有興趣的廚師、小農一起發揮創意；YaYa綠廚房的維真開放自己的廚房做為私廚空間，臉書上常看她分享美食的心得；包心菜實驗廚房的瓊惠行動力十足，總是風塵僕僕的拜訪農友，以具美感和創意的方式將傳統發酵食物推廣到台灣各地，創辦河堤慢食和髫丘蔬食的毒媽（真的是姓毒），精湛的廚藝被封為毒家料理，一吃就上癮，現在推出的巫婆醬、芝麻醬，總是供不應求。

我知道這些同盟結束營業的主要原因，不外乎是理念敵不過獲利不足的現實，而獲利不足多半是經營成本過高，尤其是食材成本。消費者或許願意花上千元吃一客牛排，但標榜有機或友善的食材，即使三、四百元一組套餐也覺得貴，支持的群眾有限，經營自然不容易。

南澳是個位處郊野，交通不發達，人口又少的地區。我在這個偏鄉開一間理念型食堂，剛開始還有居民好奇光顧，但普遍認為價格不親民，料理很清淡，不符合他們的口味，生意一度很冷清，大家猜想應該很快關門，但沒想到這間只開假日的食堂，竟然營業了六年，而且生意也漸漸穩定。

或許原因在於我反向操作，將劣勢轉為優勢；平日沒有客人就開假日，專心經營遊客客群，沒有人手就用打工換宿的方式招募小幫手，食材的成本高，那就學習種稻種菜降低成本，錢賺得少，那就開源節流，辦活動、開課程、寫文章，增加收入，心態上我認真的經營一間友善環境、重視食材，能與顧客有良好互動的飲食空間，每一個開店的日子都能熱情接待客人。

好糧食堂的空間很小，招牌也很低調，但我期許自己成為一盞溫暖的燭火，在安靜的鄉間微微的亮著，微微但久久的亮著。

Part 3

慢活也快樂

有工有閒是我信奉的人生態度，辛勤工作之餘，抱持對周遭事物探索的熱情，讓生活的節奏鬆緊有度，不疾不徐，從容地享受獨處的悠閒，感受大地遼闊的脈動，欣賞四時花草的盛衰，心有餘裕接納更多的可能，練習過好不擔心的人生下半場。

LCWANG.

那山、那海、那河，那裏有田

許多人問我為什麼要搬到南澳生活？我的回答通常是：因為這裡有山、有海、有河，還有一個每天有新鮮魚獲的朝陽漁港，這是最基本的說法。有山，所以視野有了觀賞的背景，每一個方向看過去都自成一幅風景，晨昏光影有變，陰晴氣韻不同。有海，遠眺無界限，可以放空，可以想像，可以期待。有河，來自山林的清流婀娜多姿，可以探索，可以嬉遊，更是滋養田地，豐饒萬物的主脈。

其次，這裡的地理與文化自成一格，沒有工業污染，沒有龐大醜怪的水泥廠，離大都會不太遠也不太近，物產多樣又方便取得，而定置漁場的魚獲新鮮便宜，搶購方式刺激有趣，每天四處逛逛都像去遊山玩水，真是好山、好水、好有趣的地方呀！

至於最終的原因，那就不得不提南澳地理環境與原漢族群開拓的歷史；南澳鄉是宜蘭縣最南，面積最大，人口密度最低的鄉鎮，中央山脈縱橫大部分的土地，南澳北溪與南澳南溪流貫境內，近海形成的沖積扇平原土質肥沃適於耕作。早期這裡皆屬泰雅族的生活圈，清領時期到日治時代持續開發蘇花古道，除了是政治力的入侵，也覬覦豐富的山林資源，漢人一批批的進來墾田築圳，將南澳溪出海口的平原開墾成一片良田，又以台九線蘇花公路為界，西屬南澳鄉、東劃入蘇澳鎮，從東澳到南澳農場這一帶的農田皆歸國有財產局所有，南澳鄉則是原住民保留地，由於這個關鍵因素，使得大南澳地區的土地不易買賣，所以不同於宜蘭其他地區農舍氾濫的現象，保有農田和景觀的完整性。

因此，居民只能辛勤的耕作，從稻米、蔬菜、水果、香菇、苦茶樹，只要氣候適合的，應有盡有，而且因為個人擁有的租地面積都不大，除了稻米之外，各類作物多屬小規模，也沒有大型的硬體設施，再加上南澳地區多地震，面海空曠多風雨，所以沒有高樓大廈，房子低調，居民也低調。

就是這種低調的風格，吸引我移居南澳，以一種不疾不徐的生活步調在此好好生活，學習觀察作物的成長、學習善待土地的耕作，學習展現真實滋味的料理，儘管農耕工作與食堂經營是我生

活的主要重心，但不是全部，遼闊的大自然才是時時刻刻心之所在，無論天晴天雨，總會以緩慢速度流連在鄉間小路、河濱海岸，我愛這種可以把視野眺望到極限，耳朵可以聆聽大地的聲息，可以暢快的呼吸，可以安靜的獨處，可以用視覺、聽覺、嗅覺建構出四季變動的生活空間。

也常有人問我是不是在地人？這是個尷尬的問題，無法給出一個明確的答案，是，也不是！我想保有這種模糊的身分，讓自己同時有在地人對人地物的熟悉，也像個異鄉客保有對生活觀察的熱情。在地人，知道春天來臨時，河口堤防邊的小葉欖仁冒出新芽煞是好看，也知道朝陽社區山腳下有一條淺淺的清溪是夏日泡腳最清涼的角落，每當秋天颱風季過後，海岸堆積大量的漂流木，是尋寶的好時機，等到蕭瑟的冬季枯水期時，南澳溪河床可以涉水散步，我和多多在灘地上盡情的奔跑，大聲的喊叫也無所謂。

當個異鄉客也很好，抱持新鮮好奇的態度看待周遭的事物，即使每天騎車經過海岸大橋好幾回，仍會駐足橋上欣賞清晨陽光從雲端照射海面的美景，對於稻田耕作的四時景致依然年年期待，看到雨後天晴，雲霧嬝繞山頭時還是會立刻衝回家拿相機捕捉稍縱即逝的畫面，路邊的野花、水田的雁鴨、漁港的魚群、村落的小路，依舊吸引著我的目光，隨時帶著廣角鏡頭和顯微鏡頭的視角觀察生活日常，為自己創造每天都有新鮮事的好心情。

如同台灣的許多地區一樣，這裡的環境不盡然都是美好的；舉目可見高壓電塔橫亙山陵，河口的養鴨場排放糞水匯入河裡，原本由石頭堆砌的田埂及水圳逐年水泥化，無人沙灘常見家庭廢棄物，但得學習面對這些美中不足，就像生活中不盡如意的事物一般，轉個角度往美的方向去看，珍惜現有的美好，就會找到屬於自己喜歡的生活方式。

海岸大橋的河堤是我最常來的角落，這一片遼闊的河口地，河水有時平靜溫柔，有時波濤洶湧，猶如人生起伏，終究依歸大海。我在這裡看山、看海，看河的流動，看田的變化，等待四時的繁花盛開、星垂夜空，在心裡開墾出無限遼闊的夢田。

我的南澳法拉利

我有一台『法拉利』，黃色，性能佳，最快時速近三十公里，自動駕駛，上山、下水皆可，我常帶著牠在田野、河堤、海灘奔跑，儘管隨著年齡馬力稍弱，但與牠同行總讓我覺得很拉風、很開心，牠是我的寶貝，我們幾乎形影不離，可說是我在南澳生活的最佳拍檔，牠的動作敏捷，身形矯健，朋友暱稱是狗界的法拉利，與牠相遇的故事猶如命中注定就是你一樣的童話劇情。

剛搬來的第一年跟著阿江哥熟悉南澳的田區，也幫忙紀錄作物的成長過程，其中一塊小米田位於金岳部落河床邊，屬於一位叫多利的獵人的，田旁邊有一間工寮，養著幾隻小狗，其中一隻母狗剛生了一窩小狗，還未斷奶的幼犬追著瘦巴巴的媽媽吸奶，看了於心不忍，於是每天帶著泡好的牛奶或稀飯去餵牠們，幾次之後，狗兒聽到我的機車聲，遠遠的就會從小路跑出來迎接我，五隻小狗清一色是黃毛，嘴部黑色，有一隻顏色較淺，長相很討我喜歡，每次餵完後總是抱來玩一玩，聞一聞牠的奶臭味。

我問多利可有幫牠們取名字，他說沒有，於是就用他的名字為牠們命名〈多多〉、〈利利〉、〈多多利〉、〈利利多〉、〈多利多〉，那隻投我緣的獲得菜市場名〈多多〉的稱號，儘管我常搞混自己取的名字，但當時只是好玩，自己叫的開心，小狗在意的其實是我手上那一鍋食物。

有一天，發現小狗從母親身上傳染了很多壁蝨，身上、耳朵和眼睛都是，小狗痛得哇哇叫，想幫牠們清理反而讓牠們嚇得躲在雜物堆裡怎麼也捉不到，母狗更是嚴重到眼瞼佈滿蝨體，眼睛完全睜不開，唯有多多仍願意親近，且病況也較輕微，我跟多利說，不然這隻我先帶回去照顧好嗎？多利爽快的答應，還跟我說小狗不會有事的。

我用紙箱把多多載回去，買了藥幫牠清理蝨子，幾天後又是肥嘟嘟，活潑可愛的小狗仔，我帶牠回去省親，其他小狗似乎已康復，連狗媽媽的眼睛也睜開了，而且毛色變得黑亮有光澤，多利跟我說，母狗教小狗在燒過的火堆中打滾，灰燼可以去除壁蝨，

牠們生存能力很強的。

我把多多從箱子抱出來，想讓牠與媽媽來個小別重逢的闔家歡聚，沒想到母狗不認多多，一改平常和善的態度，對多多嘶吼攻擊，好似陌生者一般，我只好把牠帶離現場，告別牠的家庭，正式領養成為我的愛犬，牠也變成了與我創造南澳新生活的〈她〉。

離開母親的多多完全沒有分離焦慮過渡期，朋友送她一些玩具，再加上我幾隻拖鞋，成天開心地咬著玩，或許從小母親有身教，只花了兩天的時間就知道室內不可以大小便，等到戶外才會躲到遠遠的草地裡方便，這一點真的是天資聰穎，深得我心，而這位原本在破舊工寮出身的灰姑娘，搖身一變成為每天吃香喝辣、跟著我四處趴趴走的好命狗。

多多是我養的第二隻狗，十年前愛犬卡卡生病過世，最後的一年因為人在國外，託朋友照顧而無法陪伴她，心裡非常內疚，因此對多多有種補償心理，想讓她成為一隻自由自在、快樂奔跑的狗，到哪裡總會帶著她，也不刻意訓練學會一般的指令，看待她是生活的夥伴，少有打罵和約束，可能是這種放任的態度，多多不會刻意的討好我，倒像我一樣的順性而活，有她自己的獨特個性。

朝夕相處的默契，幾乎不用教，一個小動作，就會自動坐上機車的前踏板，把腳踩在我的鞋子上，頭往前伸穩穩的站著，隨著我到菜園、田區工作，她知道一旦車速慢下來，我的大腿鬆開時就可以跳車跟在車子邊奔跑，我會放慢車速讓他跟上，或者讓她自己玩耍，等到該上車時，喇叭按兩聲，原本不見狗影的她很快地就出現，自動跳上車，即使有時踏板放了物品無法載牠回去，也知道自己回家。

多多的方向感極好，剛抱回來沒幾天，有次帶去阿江哥家和另一隻小狗玩，因為有事得先回來，就留她在院子裡玩，以為她沒看見，但回到家才一會，她就出現在門口哈著氣搖尾巴，當時才約兩個多月大，自己穿越台九線回來。多多還知道去菜園的路騎摩托車必須繞路，若是自己回來時，會觀察我的方向，然後抄近路跟上我。

最讓我佩服的是不到一歲，有一回朋友帶去金岳瀑布玩水，傍晚回程時找不到她，著急地回來告訴我，我騎著電動機車循線找她，半路卻沒電了，只好先回來等看看，大約一個小時後她摸黑回來了，而這段7.5公里的山路要經過三個村落，越過許多狗群的地盤，有些複雜的小路和危險的台九線，當下真是又驚又喜，從此在南澳無論多遠，都可以放心讓她自己回家。

觀察她的行為十分有趣，吃東西慢條斯理、小心翼翼，不像一般狗會狼吞虎嚥。帶去河邊時會先觀察水勢，感覺安全就下水游一圈，上岸後在沙地上打滾、奔跑，若是水勢湍急，前腳撩一撩就回頭。喜歡走在有水的水圳中一邊走一邊張嘴喝水。看到圍牆會像貓一樣走在牆上。老是把頭鑽入沙地搞到眼睛張不開還是學不乖。沒事會像貓一樣的舔自己的小腳。對侵犯地盤的鄰狗十足的恰查某，但對客人帶進來的貓狗態度是不理不睬。

人到中年總會發福，多多也是，身手矯健的法拉利如今變成福特載卡多，但依然喜愛奔馳在遼闊的田野與沙灘，朋友說她是南澳最好命的狗。我深知她帶給我的快樂更勝於我的付出，她不是我的寵物，也不是看門狗，而是生活的夥伴，我們每天在同樣的路線以不同的視角觀看南澳，分享著彼此的快樂，一人一狗享受著南澳的悠活日常，這一切該不該感謝那些壁蝨呢？我忍不住想問此刻正在舔著腳的多多。

愛花時間在南澳

好糧食堂的桌上一年四季都有新鮮的花朵，不用花一毛錢，也無須高超的花藝，只要到附近的荒地、田區或菜園兜一圈，各種顏色的花朵應有盡有，隨意地插在玻璃瓶裡，自有一番美麗景致。有花的空間充滿能量，採花的過程充滿樂趣，我愛花時間在南澳的各個角落尋找它們的芳蹤，無論是散步、騎車兜風，田裡工作，目光的焦點自動會定位植物的種類和開花的狀態，生活的網絡裡有一張專屬的賞花地圖和採集路線。

春天百花盛放，我的賞花路線特別忙碌，山腳下一間廢棄老木屋的庭院裡有一大叢桃紅粉白的杜鵑，無人理睬卻越開越盛，我大概是少數專程會去探望的賞花客吧！還有附近水道旁有一叢金鳥赫蕉，小型的芭蕉葉挨在高大的椰子樹下並不起眼，一旦開花時苞片懸垂挺開，互生的花苞像是一隻隻紅羽金喙的小鳥，非常醒目美麗，可惜地主常毫不留情的割草剪枝，不是年年可見。

春天的野地最是熱鬧，尚未翻耕的田地裡不同的野花各領風騷，紫花霍香薊和咸豐草比賽誰較強勢，粉紫、黃白的在田裡以色彩展現實力，黃鵪菜、兔兒菜這類小黃花乖巧的在路邊佔據一席之地，酢醬草鮮嫩的粉紅色是春天野花的代言人，洋溢著青春的氣息，但此花觀賞即可，帶回家很快就垂頭喪氣，明白的告訴我，它是野花，不做家花。

一到夏天，食堂前方的馬路邊有一棵阿勃勒孤零零地開著一樹的黃花串，附近還有一株大花紫薇，嫩黃桃紅的相約綻放花朵，趁著散步撿一些剛落地的花朵，摘幾朵盛開的朱槿花，再剪幾片蕨類的葉子放在陶缸水盆中，讓夏的艷美在水盆中輕輕的浮動著。

六、七月稻田採收前不可錯過的還有海岸橋邊一長排的夾竹桃，我常駐足觀賞、拍照，畫面中桃紅色花叢望過去，遠景有山，前方有田，美不勝收，地主范先生遇到我這位懂得欣賞的鄰居得意的說是他種的，所謂前人種樹、後人賞花，農民能在田邊種花樹，不但能遮蔭納涼，還為田園風光增添美麗的色彩，毫不遜色於大名鼎鼎的金城武樹呀！

夏天期待的還有水澤邊常見的野薑花，名列本人心目中野地香花之冠；朝陽步道入口處有幾叢，我總是迫不急待地等著冒出白色的花苞，以便能剪幾枝回去插在水瓶裡，讓田野的味道瀰漫在屋內，但常被人捷足先登，徒留枝葉。後來在海岸社區整理後院，雜草中發現一大叢野薑花時真是喜出望外，有種眾裡尋他千百度，驀然回首，那人卻在燈火闌珊處的驚喜，從此整個夏天，屋角的陶甕花瓶裡它就是主角。

秋天雖然花朵較少，不過海岸沙灘的馬鞍藤、河口灘地的蘆葦花、芒花、甜根子草，以數大便是美之姿來妝點秋的靜謐。每當傍晚時分，坐在河堤盡頭的階梯上，看著蘆葦叢中小鳥穿梭鳴叫，遠方飛鳥橫渡沙洲，我愛靜靜地享受有些微寒孤寂的蕭瑟感，生活不盡然都要熱鬧豐富，秋天的低調短暫反而更顯珍貴。

到了冬天，賞花的重頭戲陸續上場，休耕地的綠肥種籽花開如海，波斯菊、百日草、油菜花、向日葵，輪番佔領田區，年底的花海節也成為附近村里的盛事，許多民眾專程來騎車賞花，為冷清的冬日南澳帶來些許觀光人潮。

我在好糧菜園的中心留了一區花圃，把各類綠肥種籽混合撒在土裡，任其生長，第一年長出了一人高的茂密花叢，一整季桌上繽紛的花朵都是來自這塊小小的花圃，隔年，可能是地力耗盡，植株又少又弱，那種煙花似的美麗對比悠然成長的杜鵑，很像女人青春綻放的外貌和歲月成熟的內在，各有其美，隨人欣賞。

還有一種花我也特別喜愛，那就是菜園裡的菜花們；別人種菜採葉，我則是留著一些開花結果，花開可賞，結果可留，為下一季的作物育苗留種。其中，那些美到讓人驚嘆不已的，都是餐桌上常見的蔬菜，像煙花似的青蔥花柱巧奪天工、香菜的頂生傘型花序媲美滿天星星，茼蒿的花像是小小向日葵，紅骨九層塔密生的花序連枝帶葉就是最美的花材，還有胡蘿蔔的花讓人嘖嘖稱奇，碩大的複繖形花序如雪白的大花球，結果時果皮像毛毛蟲般長滿細細的軟刺，最後結出密密麻麻的卵形種子，生產力十分驚人。

我的賞花版圖遍及南澳的各個角落，不只賞花，也愛花時間建構我的青草茶採集地圖，野果採集私房點，賞鳥賞蝶路線，營火堆最佳位置，這些在我腦海中交織成不可見的多元生活地圖，有趣又好玩，無怪乎越來越像宅女—一個喜歡「宅在南澳」的女人。

零垃圾音樂會

每年颱風季過後，南澳溪出海口的沙灘總會堆積不少漂流木，珍貴的大型木材由政府標示運走後，其餘的木頭民眾便可以自行取用，通常是當作燃料或種香菇之用，而內行的撿到高級木材則會拿回家雕刻或收藏，剩下那些大而不當、小而無用的木材便留在原地乏人問津，對我而言卻是尋寶的好時機。不懂木材的我看的是造型奇特，小而美的大自然創作品，還有滿地奇奇怪怪來自海洋的廢棄物，不一定會把它們帶回家，但是光看看就樂趣無窮。

二〇一六年的九月，我和小幫手昱叡到秘稱二號沙灘的海邊散步，看到一根近八公尺的筆直大木頭孤零零的橫躺在近河口的沙地上，好似一個等待布置的舞台，而四周的風景就是最美的布幕，我忽然靈機一動，心想今年度的品米會不妨就來這裡舉辦？心動不如行動，便開始和阿類討論活動內容，有淨灘，營火會，不可少的米飯糰點心，再來邀請幾位歌手朋友共襄盛舉。這樣還不夠有趣，我一直希望利用滿地的漂流木和廢棄物做地景藝術，這次正可以就地利之便邀請大家來玩玩看。

就這樣一個念頭，便立即邀請以莉．高露和冠宇，去年曾來好糧表演的陳智輝，還有剛認識不久的羅思容，這三位都是會彈吉他的創作型歌手，可以自彈自唱，不用插電，很適合戶外演唱；至於活動的椿腳少不了自然村田友們，請他們協助物品運送，餐點提供，接著召集志工、發布活動訊息，於是到了雙十節那天，將近七十位朋友來參加這場別開生面的品米會。

活動一開始先請大家淨灘，滿地雜物中包括塑膠瓶罐、拖鞋、鐵皮、漁網、輪胎……等等，種類繁多。有個朋友撿到一顆漁船用的紅色浮筒，造型很像青蛙的頭，我把它放在大木頭的前方，第一個舞台道具馬上鮮活了起來；羅思容則撿到一團糾結的漁網，套在頭上剛好就是造型時髦的假髮；還有一顆彩色的海灘球，待會創作時正好派上用場，接下來的活動，就是利用手邊撿到的廢棄品及漂流木來即興創作。我沒有既定的題目，只是大致將參加者分成五組，請他們合作布置舞台、挖一個營火坑，再加上三組立體創作即可。

大夥兒聽到這麼隨性的指示，不禁面面相覷，一時也不知如何是好，我請他們寬寬心，把自己當作小朋友一樣玩耍，這不是比賽，想怎麼做就怎麼做。

健宏是升火達人，他率先在舞台區前和幾位朋友用鏟子挖了個大坑，請夥伴從四周搬些石頭鋪底，再用大一點的石頭和木頭圍成一個區域，中間堆起材火堆，很快的，一個漂亮的營火區就完成了。

舞台區的這一組，剛開始也不知道怎麼動手，我提示旁邊有一堆長竹竿，是否可以立成一個高塔，讓舞台的背景有點層次，接著交予兩把鋸子，讓他們自行討論如何進行。另外三組完全沒有指導，各別自由發揮，我和志工則忙著張羅米飯糰點心。

米飯糰用的是當年度的新米，除了米飯之外，搭配一些簡單的小菜讓參加者自己捏飯糰，再加上阿聰自然田的甘蔗汁、南澳自然田的洛神花茶，都是南澳在地的風味，我還要求所有與會者自備

餐具，現場除了衛生紙沒有任何一次性的用具，而且等會生火時還可以把它燒掉。

創作的時間只有一個多小時，五點的時候大家已經完成所有作品，舞台區除了竹竿高塔外，用彎曲的長木棍、藤蔓、枯枝、漁網搭建的舞台背景非常奔放粗獷，與四周的景色毫無違和感，另一組則是用大型樹幹和石頭圍成一個靜心的區域，有人自備蠟燭放在四周，自在的就地打坐淨靈。

朋友映虹全家都是練家子，他們撿拾粗枝幹搭了一個四方型立體高塔，再豎上一棵倒立的樹幹，很像武打擂台，鏡頭對著他們，立刻比劃起來，架式十足好似現代版的神鵰俠侶。

至於第五組是台灣環境資訊協會的老同事們，只見他們對著地上的一堆零散、呈放射狀的小樹枝和石頭竊竊私語，中間倒立著一根連著樹頭的瘦長樹幹，乍看實在是一件隨便到毫無創作感的作品，心想；你們這些人也太隨性了吧！

夕陽西下，雲層也厚了起來，營火一點燃，音樂會正式開場，三位歌手坐在大樹幹上自彈自唱，因為沒有喇叭的關係，與會者挨著歌手坐在前方聽著歌，我厚著臉皮要求和以莉合唱那首〈守著陽光守著你〉，一圓登上舞台唱歌的美夢。

大家陶醉在乾淨的樂聲中，前方的營火熊熊燃燒著，我的臉感覺熱烘烘的，微醺在這場溫馨美麗的夜宴中。直至夜幕低垂，大家才紛紛離去，還有一些朋友圍著營火聊天唱歌，我和志工們收拾器具打道回府，這時天空飄起毛毛雨，營火也漸漸熄滅了。隔天回到現場，所有的裝置完好無損，我一個人靜靜獨享這片沙灘，仔細欣賞每一件作品，內心很感動；因為一個美好的想像，有這麼多人合力來共同實現，我們不需要用金錢和物質交換美好的事物，也沒有對環境造成傷害，享受快樂也可以這麼有創意和環保，我深深為自己愛作夢的個性感到自豪。

再仔細看看環資同事們的作品，一根有分叉的樹枝上放了一塊石頭，這是一隻蝸牛的造型，我觀察著地上的樹枝和倒立的樹幹，忽然明白這件作品的深意：這些木材在森林裡原本都是擁抱著土地向天伸展的小樹或參天巨木，颱風過後隨河漂入大海再打上岸，軀幹碎裂成如今的模樣，但終歸也是回歸大地，只是地點和時間不同罷了，至於那隻蝸牛的含意則任人想像。我不由得莞爾，佩服起這群愛地球的朋友們，居然創作出這麼有想像空間的作品，下次一定要找更多人來玩大地遊戲，至於怎麼玩？到時候就知道了。

動手動腳捏房子

你相不相信只要將願望堅定的告訴自己和朋友，並展開一些行動，接著就會有很多人來幫忙，所有的機緣會聚合在一起幫你完成它？我相信的，蓋一間自己的小土屋就是這樣完成的。

為了容納日益增多的朋友和小幫手，我在附近的海岸社區承租了一間老房子，鄰居說這是社區裡最早蓋的水泥房，連屋是一間更老的木造屋，已經超過六十幾年的屋齡，房屋的後面還有一間破爛的工寮和一塊兩百平方米的後院，芒草高到擋住了後門的開啟，工寮內堆滿雜物和農具，四周還有糾結難解的鐵絲棚架，初見這番景象簡直是無從下手。

俗話説萬事起頭難，搔搔頭皮，擬定作戰計畫，招來朋友一步步的處理。第一件事是清理雜草，經過幾天的除草，逐漸現出野薑花、香水檸檬、金棗果樹、紅心芭樂，還意外的發現一顆沒有被鳥啄食的完美芭樂和像手榴彈般大的檸檬。

接著是整理木造工寮，於此同時，朋友們已經知道我租下這間房子，當我說需要人手幫忙時，多年不見的老友民熙自告奮勇的載來工具，很有效率地幫忙敲掉四面木板，清理令人頭痛的鐵網，幾個工作天下來，原本像恐怖片場景的後院現出了一間屋頂完整，四面有水泥柱的屋架，我心想不如來蓋間土屋吧！

朋友俊文剛從泰國參加十天的自然屋手作工作坊回來，聽說我想蓋土屋，比我更積極，正好可以運用所學實際演練，她熱心地把筆記整理給我看，吩咐我要準備的工具，我原本只是想想而已，見她如此積極，也就摩拳擦掌，認真地討論工作計畫和程序。材料上，儘量就地取材，以自然元素為主，主要是黏土、石頭、沙子、稻稈和粗糠，這些南澳都有，但是南澳的土方不夠黏，石頭和沙子需要自己去海邊挖，稻稈和粗糠要等到夏天收割後才有，單是材料就一關卡一關，歷經了數個月才搞定，而挖沙採石，製作土磚、砌牆粉光，每一道程序都要人手，這時候朋友們紛紛自動上門，奇蹟式的逐漸完成工作。

一開始先用石頭和水泥砌一圈高約三十公分的牆基，需要壯丁到

海邊撿石頭，頭號大幫手楊大哥特別排假回來幫忙，有他粗壯的雙臂和小貨車省力不少，而好友小郭從嘉義來南澳小住一陣子，這位超級勤快又手巧的暖男貼心的幫我解決了許多大小麻煩事。

接下來的重頭戲就是試做土磚，南澳的黏土不夠黏，只好從冬山載來一卡車的黏土，其他材料就從田裡、海邊徒手採取，那一陣子招募來的小幫手大多是第一次打工換宿的女生和大學生，我們到河邊挖沙搬石，這些文弱青年捲起袖子幫我一袋袋的扛回家，每天就像工地工人一樣灰頭土臉，但沒人藉故落跑離開。

這些小幫手中有的是透過臉書招募而來，有的是回鍋的小幫手，還有來好糧用餐的客人，阮大哥就是其中一位；退休不久的他和太太來南澳旅遊，到食堂用餐時和小幫手聊聊天，知道這裡可以打工換宿，半開玩笑的問說他這個年紀可以嗎？我留了他的電話，說等要蓋土屋時再通知他，本想他只是一時興起說說罷了，沒想到後來打電話邀約竟然來了，而且有求必應，從不推託拒絕，這位在業界頗有成就的中年大叔，跟著我們挖沙踩土，做磚築牆，每一件事都是他的第一次體驗，他放下身段跟這群年輕人一樣有活力的工作，願意傾聽，願意學習，不設限的人生態度，大家都非常喜歡他。

蓋土厝最辛苦的工作就是把黏土和細砂、稻稈和粗糠混合成為具有黏性的土磚或土糰，黏土必須和砂石以一定的比例調配，因為沒有電動攪拌機，我們使用腳踩的方式混合，要先將黏土撥開，用篩網過濾砂子，以免腳底被尖銳的物品割傷，一邊踩踏一邊翻攪並加入稻稈和粗糠作為增強結構韌性和防止龜裂。我們都是一群菜鳥，沒有任何有經驗的師傅指導，即使是俊文也只上過十天的課程，而且她在台北上班，只能透過電話指導，我除了上網或問問看有經驗的人之外，只能以實驗的精神徒手進行，所以一間三乘四公尺面積的空間使用了土磚、木架加土糰、竹編夾泥三種牆面工法，朋友幫忙蒐集了各種顏色的玻璃，切割嵌入牆面中，一邊施作，一邊修改，遇到問題就用邏輯常識處理，接受不完美的狀態；譬如因為原先的水泥柱粗細不一，也不在同一水平上，所以疊磚時無法平整，我們只好用手慢慢的糊出微帶弧度的牆

面，每一面牆都有獨特的手感。

這些繁複的工作單靠假日小幫手是不夠的，蓋屋的中期，對於自然建築有濃厚興趣的婕如和好友嘉蕙答應搬來住一陣子，直到蓋好土屋，從十月中旬到隔年元月，整整三個月，兩個小姑娘每天蹲在小屋裡重複踩土砌牆的粗活，忍受冬日濕冷的天氣和惱人的蚊蟲，不但如此，婕如的爸爸來探訪，喜歡動手做的他也加入工作行列，並非水電工的李爸爸甚至應我要求裝了漂亮的玻璃瓶吊燈，最後將木門安裝上去，完成了蓋土屋的最後階段。

這一間小土屋歷時七個月興建，協助的志工超過五十位，花費的經費不到八萬元，經歷了數次的大小地震仍安然無恙，入住的第一晚，躺在這間捏出來的夢幻之屋中，聽著後山的黃嘴角鴞傳來呼～呼～的聲音，我滿懷感激，在迷迷濛濛的幸福中沉沉入睡。

自然村夢想家

不少朋友羨慕我過著自由自在的鄉村生活，雖然想嘗試卻沒有勇氣，多數源於家庭及經濟因素，總認為要有足夠的經濟基礎，才可能實現夢想。其實在南澳，以至台灣各地，有一大群人默默在實踐他們的田園夢，有的是剛畢業的年輕人，有的是中年轉業的上班族，也有條件俱足的退休者，或是單身、或是全家參與，各有自己的專長和興趣，不受限於財力多寡，努力的朝著理想前進。

以南澳一群農友為例，南澳自然田的幾位發起人都是曾在專業領域表現優異的科技人，阿江哥在新竹科技園區打拼過，賺過大錢也虧過老本，中年轉換跑道來到太太的娘家南澳發展自然農法農耕，取名南澳自然田，起初連太太也不解何以光鮮亮麗的上班族不當，反而回鄉下當起赤腳農夫。阿聰做過多年內湖科技園區的業務，高壓力的工作身體出了警訊，在接觸自然農法之後隻身到南澳來種田。曾得過iF工業論壇設計獎的昭中，也選擇了一條截然不同的道路；他們一開始都處於家庭不支持的狀況下，毅然投入路途最艱辛的自然農法領域中。

我剛到南澳便跟著他們一起生活，常被在地人歸類為「自然田的伙伴」。於此同時，還有幾位外來生活者，大家有著同樣想要友善耕作，好好生活的共同目標，自然就聚集在自然田的客廳裡，一起吃飯聊天，在農事上切磋學習，其中音樂人冠宇和以莉．高露夫妻，也是客廳裡的常客，他們一起創作音樂，一起下田種稻，是追求半農半X的典型人物。二〇一二年創作的《輕快的生活》獲得第二十三屆金曲獎最佳新人、最佳原住民語歌手和最佳原住民語專輯等三大獎，小女兒也是在當年出生，他們常舉辦免費的音樂表演，有時在田裡，有時在朋友的家裡，或是附近的森林裡，用音樂豐富我們的生活。

阿江可以打工換宿方式，吸引不少年輕人來體驗農耕生活，短則幾天，長則超過一年，阿誠和健宏是當時認識的兩位年輕人，剛出社會不久，對主流社會的人生有所疑慮，想要用自己的雙腳走條不一樣的路，阿誠設定一年時間，以一個月一種工作為目標，認識台灣的土地，發掘自己的興趣，第一站是萬里的饅頭店，第二站來到南澳自然田，從此展開他長達三年環島學藝的旅程。

健宏畢業後在遊戲公司上班，為了一圓徒步環島的夢，辭去工作，拖著買菜籃和簡單的行李，一邊走路一邊撿垃圾，走到南澳休息吃冰時，老闆介紹自然田可以換宿，於是留下來幾天，環島結束後寫了一本書—〈台灣慢慢走〉，記述三個月來一路被路人拉去吃飯慰勞的趣事。沒過多久他搬來南澳，租了一間老舊的土角厝，過著非常簡樸原始的生活，他和我們一起種田、當代課老師，後來認識也來南澳生活的小敏，兩人相戀結婚，在某間民宿的廣場舉辦一場別開生面的婚禮，沒有鞭炮開場，朋友們夾道歡呼新郎新娘搭著小鐵牛車入場，每位與會者帶來各家拿手菜，豐富菜色媲美五星級飯店，桌上擺滿朋友寫著祝福的彩繪石頭，新娘子頭上戴著用稻草和野花編織的花冠，婚禮沒有制式的儀式，大家唱歌跳舞，盡情歡笑，用最自然真誠的方式給予這對新人美好的祝福。

我們這一群老中青的理想主義者，都有一個共同的夢，希望打造一個在大自然中和諧、健康、分享的生活環境，我們認真的開會提出對自然村的構想；夢想的藍圖裡，大家都是農夫，以自然有

機的方式耕作，發展自己獨特的專長，能夠建立一所田間學院，發展農村手作的技藝和生活美學。我們一起觀賞『A New We全新的我們』紀錄片，知道世界各地已經有很多生態村發展有成，期待有天也能實現這個夢想。

經過了幾年，大家各有發展，阿江和阿聰的家人已從懷疑到全力的支持，舉家搬來南澳成為得力助手，各自建立的品牌也受到肯定，昭中帶著妻女在台東的都蘭打造一間夢幻的生活空間，冠宇和以莉為了讓女兒學母語搬到台東長濱，營造另一個濱海生活，健宏和小敏有了兩個小孩，目前在苗栗的三灣實踐他們理想的生活方式，至於阿誠這位土地系男孩，學了一身功夫，尤其是傳統草編，常常受邀各地教學，成為草編達人。前年蓋土屋時邀請他來基地給予意見，因此認識也要幫我蓋房子的俊文，兩人默默的來電，很快的就結婚，去年在苗栗銅鑼蓋了一間十五坪大的土屋，過著半農半X的生活。

當初大家聚在一起共築自然村的夢想雖然沒有具體實現，但是各自都用自己的方式創造理想的生活，建構以自己為主角的人生舞台，我的自然村夢想也未曾熄滅，用一間小食堂、一塊耕地慢慢地搭建小而美的生活空間，或許有一天，我們這些老友又再次聚合在一起，回憶曾經擁有的夢想，然後笑笑地說，不是都實踐了嗎？

不擔心練習曲

某個周六的中午，天氣陰陰的，偶有陽光露臉，路上除了零星的登山客之外，一如平常的南澳假日，並不特別熱鬧，我坐在高腳椅上晃著腳望著門口，等待客人上門，已經下午一點鐘，準備好的飯菜都快涼了。這時候進來兩位朋友，沒打招呼就坐下來，我點了一下頭，知道他們只是來坐坐的，也不打算多理他們，這兩位不討喜的朋友已經好一陣子沒來，開店的前幾年是常客，有時天天敲門，讓人好不心煩。

他們自顧自地聊起來，我聽到A說：「今天天氣不錯，也沒客人，這樣怎麼生存下去？」

B說：「料理都是家常菜，價格又不低，難怪連附近的居民都不光臨。」

A又說：「有時候生意也不錯，但若是口碑好，應該不至於都沒客人的。」

B說：「這種只靠觀光客光顧，一旦天氣不好或是蘇花公路坍方，遊客就不會來吧！」

A說：「鄉下地方經營這種料理，雖說是使用在地新鮮食材，

又花那麼多時間耕種，客人又不知道，即便知道又有多少人在意。」

B不置可否的回答：「好吃便宜才是重點，理想歸理想，若客人不買帳，又有什麼用？」

我聽了有點不耐煩，這種對話不知聽過幾百遍，都懶得回答了。我泡了杯咖啡，悠閒地吃完午餐，再把飯菜收好，等會先睡個午覺，傍晚去菜園澆水，晚上或許會有客人吧？

他們見我不搭理，悻悻然的起身離去，我道了聲再會，把門關了起來。這兩位朋友一個叫〈擔憂〉，另一位是〈懷疑〉。〈擔憂〉身上的衣服寫著「老了沒錢怎麼辦？」、「生病沒人照顧怎麼辦？」，額頭上還刺著「晚景淒涼」幾個字。〈懷疑〉的全身打著大大小小的問號，正面寫著「Loser」，背面印著「Yes or No」。

這些年來半農半X的生活，最大的挑戰不是體力的磨練，也不是收入的不足，而是面對自己內在的擔憂、自我懷疑與起伏不定的自信心，表面上自由自在的生活人人艷羨，但理想與現實的那個平衡點總是左右搖擺，晃蕩不穩的，就像走在獨木橋上一樣，你得告訴自己不能左顧右盼，而是望向前方目標，張開雙臂一步步謹慎的前行。

面對恐懼最好的方式就是盯著它看，認清它的真面目，到底在恐懼什麼？這些恐懼有多少是自己的想像？又或是社會的價值觀使然？是可以解決的，還是無法預測的？一旦看清楚輪廓，靜下來好好思考，轉個角度讓出一道光線面對恐懼，渾沌之心漸漸會清明的。

我在切菜做飯的時候常想著如何破除對金錢的恐懼，為什麼要困在這個問題上呢？除非放下菜刀，找個可以快速累積金錢的工作方式，不計代價地在六十歲前存夠一千萬，但是我沒有這個本事，也不想折騰我的身心，既然做不到，那麼就好好的做菜吃飯，擺脱這個難纏的緊箍咒，賺到足夠的錢付生活的必需開支，

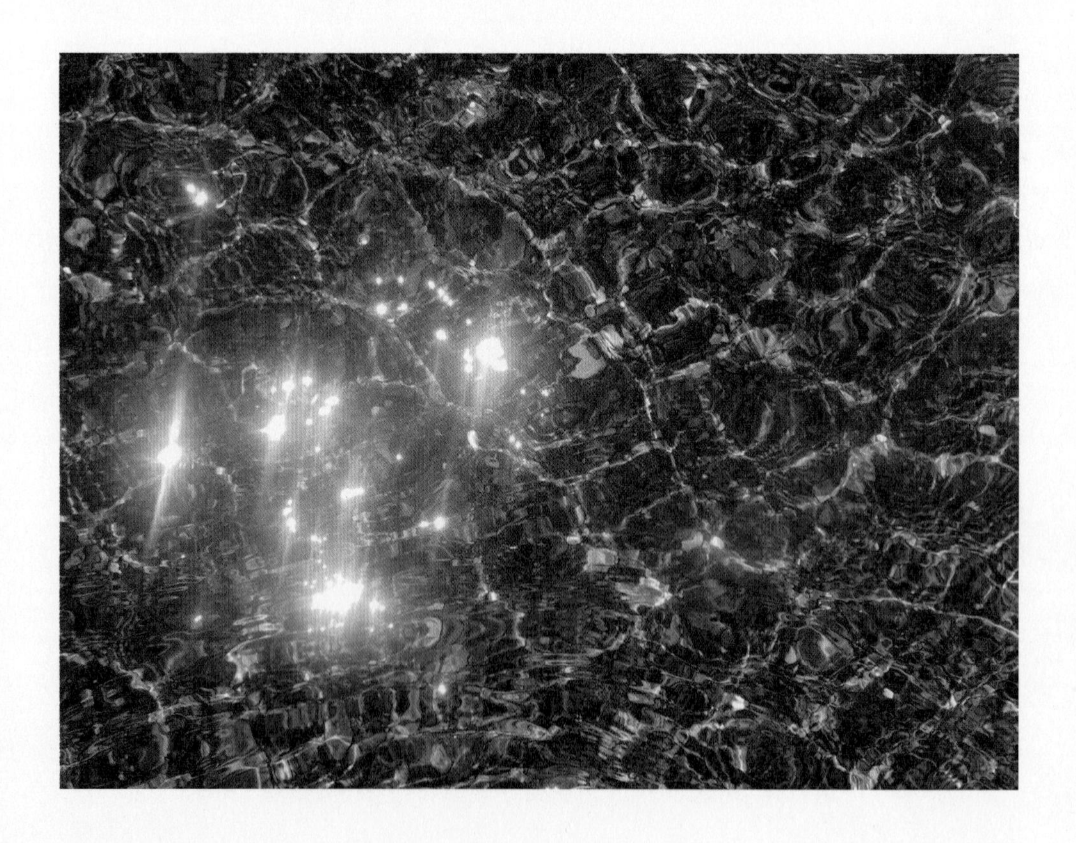

再多一點點可以浪費在快樂的事情上即可；快樂的事不外乎跟多多騎車兜風，跟朋友到海邊挖坑生營火，或是在家裡看書聽音樂，再不然買張車票去旅行，和朋友約看電影，最多吃頓五百元以內的美食，這些快樂的事，所費不多。

食堂經營是主要的收入來源，偶爾舉辦課程教學、體驗活動，寫作演講、製作手工皂、販售加工品，都可以累積一點收入，最重要是捨棄不必要的消費，只買需要，少買想要，不買養不起的，例如房地產、車子，少了物質慾望，為錢煩惱的頭會小一點，緊箍咒自然就鬆一些。

下田勞動的時候也是鍛鍊心性、堅定信念的絕佳時刻；現在還是壯年，可以彎腰除草，一但年老力衰，或是生病失能，沒人搭理，孤單的躺在病床上該如何？我記得有位很有智慧的朋友跟我說，無論你現在多麼擔心對未來也沒有幫助，平時累積善念善行，相信自己會有福報，把每一刻當下活得值得才是重要。這種活在當下的認真是需要不斷的練習，還要練習的是正向看待衰老、生病、孤單與死亡。

衰老是皮膚皺了，頭髮白了，牙齒掉了，體力差了，除此之外，我還是我，只要心情愉快，年年都可以過兒童節。

生病分兩種，一種是意外的發生，另一種是身心靈不平衡造成的病痛，前者無法掌控，後者就要有自覺，不做生病的事，不吃不健康的食物，不想不開心的事，即使生病，與其哀苦埋怨，不如勇敢面對，趁機認識自己，學習自癒的能力。

孤單從來不是我的問題，怕孤單沒人理，怕孤單沒人愛，都是將自己的快樂依託在別人身上，怕孤單其實是害怕寂寞的空虛感侵蝕心靈，能夠享受孤獨的人，會發掘自己的能力，找出生活的樂趣，即使老了，也可以做個好奇老頑童。

至於人生的大哉問—死亡，我認為就像生命迷宮中高高掛在盡頭的那盞燈，總是引領著我們在迂迴的道路上往前行，我還在摸索，還在瞻望，還在克服面對轉角忽然出現怪物的忐忑不安。

這些關於生老病死、愛恨貪癡的人生課題，我每天都在練習〈不擔心〉這首命運交響曲，很慶幸自己選擇一個好的生活空間，可以仰望藍天，可以腳踏土地，可以在遼闊的天涯海角大聲吟唱。

不早不晚的 **耕廚生活**

作　　者　葉品妤
總 編 輯　陳照旗
編　　輯　Mayu
製作統籌　張瑞美
封面設計　柯雅詩
插　　畫　Lc Wang
美術設計　賀賀工作室 李佳雯

◆

出版發行 上旗文化事業股份有限公司
發 行 所 宜蘭縣羅東鎮公正路 557-8 號
Email　sunkids@ms19.hinet.net
電　　話　(03)961-0260
傳　　真　(03)961-0250
出版日期　2019/05 初版
I S B N　978-986-6433-68-9
定　　價　380 元

Printed in Taiwan

國家圖書館出版品預行編目 (CIP) 資料

不早不晚的耕廚生活
我在那山、那海、那田的悠活筆記 / 葉品妤作
初版 . -- 臺北市 : 上旗文化 , 2019.05
面；公分
ISBN 978-986-6433-68-9(平裝)
1. 農業 2. 飲食 3. 生活態度 4. 文集

431.4　　108005322